信息学奥赛系列教材

信息学奥赛 C++编程

入门篇

科技兔编程研发中心 编

WUHAN UNIVERSITY PRESS
武汉大学出版社

图书在版编目(CIP)数据

信息学奥赛 C++编程.入门篇/科技兔编程研发中心编.—武汉:武汉大学出版社,2024.6
信息学奥赛系列教材
ISBN 978-7-307-24383-5

Ⅰ.信… Ⅱ.科… Ⅲ.C++语言—程序设计—教材 Ⅳ.TP312.8

中国国家版本馆 CIP 数据核字(2024)第 086356 号

责任编辑:王　荣　　　责任校对:汪欣怡　　　版式设计:马　佳

出版发行:**武汉大学出版社**　　(430072　武昌　珞珈山)
　　　　　(电子邮箱:cbs22@whu.edu.cn　网址:www.wdp.com.cn)
印刷:武汉乐生印刷有限公司
开本:787×1092　　1/16　　印张:27　　字数:380 千字
版次:2024 年 6 月第 1 版　　2024 年 6 月第 1 次印刷
ISBN 978-7-307-24383-5　　　定价:100.00 元

前　言

亲爱的同学们：

欢迎你们踏入《信息学奥赛 C++编程：入门篇》的奇妙世界！这本书不仅仅是一本教材，更是一场关于信息学竞赛的冒险之旅。在科技兔等的陪伴下，你们将穿越代码的迷雾，迎接挑战，自由翱翔在计算机科学的星空。

本书为同学们提供了一份详尽且有趣的 C++编程入门指南。全书共分为四个部分，每个部分都围绕特定的主题展开，旨在帮助同学们由易到难逐步地掌握 C++的基础知识点，并享受编程的乐趣。

第一部分：顺序结构与循环结构

在第一部分中，我们将从 C++编程的基础——顺序结构开始介绍编程的基本概念，如变量、数据类型、输入输出指令等。随后，我们将深入探讨循环结构——for 循环，通过具体的示例和练习，让同学们理解循环结构在编程中的应用，并能够编写简单的循环程序。第一部分包括第 1 课至第 4 课。

第二部分：分支结构与嵌套结构

进入第二部分，我们将学习 C++中的分支结构即 if-else 语句。通过分支结构，我们可以根据程序运行时的条件去选择不同的执行路径，实现更复杂的逻辑功能。此外，我们还将介绍嵌套结构的概念，包括分支嵌套和简单的循环嵌套，让同学们了解如何在程序中灵活使用嵌套结构来解决各类问题。第二部分包括第 5 课至第 8 课。

第三部分：循环嵌套与找最值算法

在第三部分中，我们将进一步探索循环嵌套的应用，并介绍一些基本的算法，如找最值算法。通过循环嵌套，我们可以实现更复杂的循环逻辑，如数

字三角形、九九乘法表等。同时，找最值算法也是编程中常见的需求之一，我们将通过讲解不同的思路，让同学们掌握找最值算法的多种实现方法。第三部分包括第9课至第12课。

第四部分：斐波拉契与质数判断

在本书的最后一部分，我们将通过两个经典的编程问题——斐波拉契数列和质数判断，来检验同学们对 C++编程的掌握程度。质数判断则是一个涉及数学和编程的交叉问题，我们将介绍质数的定义和判断方法，并通过具体的示例和练习来让同学们掌握质数判断的实现技巧。第四部分包括第 13 课至第 16 课。

本书设计了课前测和课后作业，并分别单独成册，方便同学们在课前预习和课后做巩固练习。

最后，愿你们在学习的旅途中，不仅收获丰富的知识，更培养坚韧不拔的品质。每一个挑战都是一个成长的机会。科技兔的毅力和不畏困难的勇气将陪伴着你们，一同突破难关，攀登高峰。相信通过不懈的努力，你们定能成为计算机科学领域冉冉升起的新星。让我们一起开始这场充满奇幻的编程之旅吧！

科技兔编程研发中心

2024 年 5 月 22 日

人物介绍

组队冒险才有乐趣，来认识一下数据世界中的小伙伴们吧！

科技兔

主角，源码守护者候选人。
性格活泼，机智搞笑。
面对挑战永不言败，不断学习和成长。

哈希鼠

优秀的新人源码守护者。
沉着冷静，逻辑缜密。
与主角共同解决各种程序问题。

布尔教授

源码守护者高级教官。
拥有强大的编程和算法能力。
引导主角学习成长，独当一面。

头狼　黑影军团的首领。
计划着窃取源码之力的阴谋。
常常给主角设置各种难题和陷阱。

二哈　黑影军团的小头目。
粗心大意，智商欠缺。
经常被主角轻松击败。

目录
CONTENTS

第1课　秘密基地

1.1　开场

大家好，欢迎各位同学来到编程小课堂。

很多刚接触编程的小朋友，心中有一些疑问，比如："编程到底是什么？编程有什么作用？我能不能编程呢？"其实，每一位小朋友都可以进行五分钟的编程！剩下的问题，老师会带着大家一个一个去解决。

在课程开始之前，先给大家介绍一位新朋友：科技兔。他是来自编程星球的源码守护者，今后将带着大家一起进入编程训练营。在本节课，我们不但会学习编程和代码的概念，还将和科技兔一起进行编程的初体验，完成计算机的输出指令。

现在我们已经互相认识了，小朋友们准备好了吗？我们要正式踏入本节课的学习啦！

- 代码的概念以及作用
- cout << 来计算
- C++输出命令：cout <<
- C++换行符：endl

1.2　代码？代码！

科技兔：（摔到地上）好疼……这是哪里？

科技兔：传送门通向了陌生的地方，和哈希鼠也失散了，四处找找线索吧。

科技兔：唉！前面好像有一扇门，距离我4格远的地方，那我就需要前进4步，小意思，我写4句"forward(1);"就可以了。

布尔教授：你可以尝试在"forward();"的括号里面填入数字，这样一行代码就可以前进多步。

科技兔：代码？布尔教授，什么是代码啊？

布尔教授：我们给计算机下达的，计算机可以听懂的这些指令就是代

码，像"forward();""left();""right();"这些都是代码。代码可以直接通过按钮生成，也可以由我们写出来。

🐰 **科技兔：** 原来这就是代码，那我岂不是已经在接触它！

🐰 **布尔教授：** 对的，从进入课堂开始你就已经在编程了呀！编程也可以说是用代码组成程序的过程，代码如同砖块，程序类似于大厦，编程就像用砖块来建造数据世界的高楼大厦。

互动课件 🐰 **代码？代码！**

前进4步：forward(4);

代码：计算机能够听得懂的指令。

程序由代码组合，编程就是用代码组成程序的过程。

1.3 让计算机开口说话——cout <<

🐰 **科技兔：** 这里看上去像是一个秘密基地，不知道和袭击总部的黑影军团有没有关系。

🐰 **科技兔：** 前面有一扇门，需要密码才能打开。

🐰 **科技兔：** 那我先试试通用密码"123456"吧。123456、123456、123456……嗯？！没反应，难道密码是错的？

🐰 **布尔教授：** 科技兔，你现在处于数据世界，需要用指令，也就是代码来完成任务，比如前进 4 步"forward(4);"。同样，说出密码也需要用到与说话相关的指令。

🐰 **科技兔：** 布尔教授，你能告诉我说话的代码是什么吗？我好像没有接触过。

🐰 **布尔教授：** 让计算机开口说话的代码叫作 cout，这个单词中的 c 可以看作我们正在学习的编程语言 C++的首字母，out 本身就有输出的含义，所以我们称 cout 为计算机的输出。

🐰 **科技兔：** 学到了！如果要输出 123456，我可以直接写 cout123456。

🐰 **布尔教授：** 不完全对，cout 的书写格式可以参考中文说话的句子，比如，小明说："你好"。"cout"就相当于"小明说"，中文里面的"："变成了"<<"，看起来是不是很像两个小于号<<，这两个小于号组合在一起，在C++中被称为"输出运算符"。说话的内容会放在双引号里面，这一点没有变化，计算机要输出的内容也是放在一对双引号里面，不过要注意的是英文的双引号。最后中文以句号结束一句话，C++中一行代码的结束用分号。至此，cout 的代码格式就完成啦！

```
01 #include <iostream>
02 using namespace std;
03 int main()
04 {
05     cout << "hello";
06     return 0;
07 }
```

互动课件 让计算机开口说话

小明说："你好"。

cout<<"hello";

🔵**布尔教授**：观察这行代码，中间的两个小于号很像一个朝左的双箭头，把要输出内容指向 cout，告诉计算机把这些内容"输出"。

🔵**布尔教授**：这里的 cout、输出运算符以及结尾的分号是语句中必不可少的部分，如果缺少一项或者写错，程序就会报错，无法运行。代码中对于格式的这些要求，叫作代码的"语法"。

随着第一扇门被打开，科技兔慢慢地进入了秘密基地的内部……

🔵**布尔教授**：喂！能听见吗？黑影军团破坏了守护者总部的传送装置。我只能远程给你们提供帮助。

🔵**科技兔**：来得正是时候。我被传送到一座秘密基地里，面前有两扇密码门……

🔵**布尔教授**：两扇门的密码分别是"laotie"和数字"666"。

🔵**布尔教授**：在编程语言中，输出字符的时候要加引号，而输出数字的时候不用加。

互动课件 点一点

点击下面每一句代码，根据显示的结果总结规律吧!

cout << "hello"; √   cout << hello; ×
cout << 123;   √   cout << "123"; √

Tips cout输出字符串时必须加上双引号，输出
数字可以不加。

科技兔：我明白了！那输出中文呢？

布尔教授：输出中文与输出字符是一样的，也需要加上双引号。

1.4   cout << 来计算

根据布尔教授的指示，两扇门都成功打开了，然而意想不到的是机械爪牙再次出现。

科技兔：机械爪牙，这里也有这玩意儿。

布尔教授：我的观察仪显示两个机器人的编号分别是 1234 和 4321，而他们身后门的密码是这两个编号的乘积。

科技兔：1234 乘以 4321，让我算算……

布尔教授：不用手动算，在输出命令后面写上算式，计算机就会自动计算出结果。

科技兔：原来如此，那我岂不是写 cout << 1234 乘以 4321 就可以啦？布尔教授，我好像没有找到乘号，用"x"代替可以吗？

布尔教授：当然不可以！没关系，前辈们早已经想到了，乘号可以用"*"来表示，这个符号在键盘的数字 8 上面。

```
01 #include <iostream>
02 using namespace std;
03 int main()
04 {
05     cout << 1234 * 4321;
06     return 0;
```

```
07 }
```

● 布尔教授：当然，我们也可以输出一个完整的表达式，比如 1234*4321=5332114，前面的"1234*4321="需要原样输出，所以输出时需要加上双引号，在后面计算结果中双引号可以省略。

● 科技兔：难道是 cout << "1234*4321="1234*4321;，看起来有点奇怪。

● 布尔教授：注意哦！如果输出的内容是不同类型的部分，中间需要用"<<"分隔开，也就是说"1234*4321="和 1234*4321 是两个类型，中间需要再加上一个"<<"。

● 科技兔：原来如此，我懂了！这就类似于我们不能同时用一个设备播放中文歌和英文歌，得等到中文歌放完之后再播放英文歌。

```
01 #include <iostream>
02 using namespace std;
03 int main()
04 {
05     cout << "1234*4321=" << 1234 * 4321;
06     return 0;
07 }
```

● 科技兔：教授，如果我想计算除法呢？运算符有没有变化？

● 布尔教授：除号用"/"表示，注意，是向左倾斜的斜杠。加减号和数学加减号一致，没有任何变化。

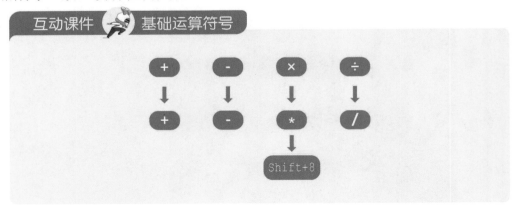

1.5 会合进行时

关卡 1-1

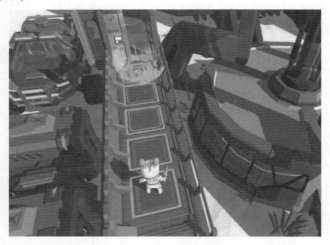

关卡任务

在 forward()括号中填入数字，一行代码前进多步。

关卡 1-1 完美通关代码：

```
01  #include <iostream>
02  using namespace std;
03  int main()
04  {
05      forward(4);
06      return 0;
07  }
```

关卡 1-2

关卡任务

使用 cout 输出密码 123456。

☑ 关卡 1-2 完美通关代码：

```
01 #include <iostream>
02 using namespace std;
03 int main()
04 {
05     forward(2);
06     left();
07     forward(1);
08     right();
09     forward(2);
10     cout << 123456;
11     return 0;
12 }
```

⊞ 关卡 1-3

关卡任务
使用 cout 命令输出两扇门
的密码，分别为"laotie"
和"666"。

☑ 关卡 1-3 完美通关代码：

```
01 #include <iostream>
02 using namespace std; 0
03 int main()
04 {
05     forward(2);
06     cout << "laotie";
07     forward(4);
08     cout << 666;
09     return 0;
```

```
10 }
```

▦ 关卡 1-4

关卡任务
使用 cout 命令计算 1234 乘以 4321 的结果。

☑ 关卡 1-4 完美通关代码：

```
01 #include <iostream>
02 using namespace std;
03 int main()
04 {
05     attack();
06     forward(3);
07     right();
08     attack();
09     forward(3);
10     cout << 1234*4321;
11     return 0;
12 }
```

1.6　C++换行符：endl

●布尔教授：恭喜你成功闯过这 4 关，现在已经熟练掌握了 cout << 命令的基本应用，展示出守护者的潜质！接下来，有一个新的任务已送达，请各位同学准备接收。

●科技兔：什么任务？迫不及待啦！

●布尔教授：下面这个三角形的图案需要使用 cout << 命令完成输出。注意@在数字 2 上面，按住 Shift+2 就可以显示。

科技兔紧急试验中……

●科技兔：布尔教授，我遇到一点问题。输出的内容始终只能显示在一行，有没有什么办法可以换行？

●布尔教授：当然有！endl 是 endline 的缩写，即结束一行，这一行结束了，自然要换到下一行。cout << endl;就可以输出一个换行符号。

●科技兔：好的，现在我应该没问题了。

●布尔教授：同样注意"@"和"endl"是不同类型的输出，连续输出要用到多个"<<"。

互动课件

endl:实现换行的功能。

> endl解释 endline的简写，即结束一行，这样就可以实现换行的功能了。将cout与endl结合可以输出各种不同的图案哦~

输出代码：
```
cout << "@" << endl ;
cout << "@@" << endl ;
cout << "@@@" << endl ;
```

●布尔教授：好的总结是对今天学习内容的最好巩固，让我们开始吧。

1.7 课堂总结

什么是代码？

计算机能够听得懂的指令，编程就是用代码组成程序的过程。

C++的输出指令是什么？

cout << ，比如 cout << "hello";。

C++的换行符是什么？

endl。

cout 输出指令有哪些作用？

输出想说的内容，进行计算，打印图案。

小朋友们，大家有没有掌握本节课的知识内容呢？接下来，我们进入随堂测试环节，检验一下大家的学习状况。

1.8 随堂练习

1. 科技兔想要前进 3 步，下面的代码正确的是？（　　）

A. forward(3)   B. Forward(3);

C. forward(4);   D. forward(3);

2. 输出"科技兔 666"，下面的代码正确的是？（　　）

A. cout << "科技兔 666"   B. cout << "科技兔"666;

C. cout << "科技兔 666";   D. cout << "科技兔"666

3. C++中的换行符是？（　　）

A. end   B. endl   C. endline   D. Endle

1.9 课后作业

唐诗是中华传统文化中的瑰宝，下面这首唐代王维的《山居秋暝》脍炙人口，请你使用 cout << 输出命令和换行符 endl，按照格式输出这一首古诗。

山居秋暝

空山新雨后，天气晚来秋。

明月松间照，清泉石上流。

竹喧归浣女，莲动下渔舟。

随意春芳歇，王孙自可留。

提示：如果有不认识的字，可以请教爸爸、妈妈。

我的输出：

_____

_____

_____

_____

第2课 破解密码门

2.1 开场

小朋友们好！又是开启编程的一天，编程需要做大量练习，这样代码应用起来才会更熟练。大家在课后有没有好好练习呢？

上一节课我们认识了代码，它是给计算机下达的指令，并且可以使用 cout << 指令让计算机开口说话，如果将换行符 endl 结合起来能输出不同的图案。

那么，在计算机里面，数据到底是怎样存储的？存储的数据又是怎样进行运算的？结合这些问题，这节编程课会引入 C++中一个非常重要的概念——变量，并完成一个具有简单输入、输出功能的计算器。

下面让我们一起进入今天的课程——破解密码门！

- ■ 变量的概念
- ■ 变量的定义和类型
- ■ 变量的赋值和自运算
- ■ C++输入命令：cin >>

2.2 数据的"旅店"——变量

科技兔已经进入秘密基地，并且成功地穿过基地的外层围墙……

●布尔教授：我们已经穿过基地的外层围墙，接下来的道路会更加危险。

科技兔：……（害怕得不知说什么好）

●布尔教授：想成为合格的源码守护者，你需要学会使用一系列的命令来获取密码，并打开前面的密码门。

科技兔：教授，我好像看到一个很新的词语——变量？

●布尔教授：对，这是 C++中一个很重要的概念。现在请你思考一个问题，你平时是怎样计算 1+2 的？

科技兔：这还需要思考吗？结果就是 3 啊！

●**布尔教授**：如果按照顺序梳理详细的计算过程呢？首先我们的大脑要记住数字 1，其次大脑记住数字 2，接下来大脑将两个数字相加，得到结果后大脑会记住这个结果，最后就需要嘴巴说出这个结果。

●**科技兔**：计算机运算的时候是不是就得遵循这样的过程？

●**布尔教授**：对。有没有想过，我们计算的时候数据都存储在大脑里面，那么计算机计算的时候数据存储在哪里？

●**科技兔**：嗯……变量？

●**布尔教授**：没错，就是变量！变量是计算机内存中存储数据的空间，我们可以理解为数据居住的"旅店"。之所以称为变量，是因为数据可能随时会改变，就像旅店里面一批客人走后又会来一批新的客人。

2.3 变量的定义和类型

●**科技兔**：变量的指令是什么？我该怎么使用？

●**布尔教授**：我们住旅店之前需要先预订房间，使用变量之前也需要先"预定"。想要存储数据，需要先为数据申请房间，这个过程称为定义变量。

●**布尔教授**：定义的代码由两部分组成：变量类型+变量名。变量类型就相当于房间类型，是大平层还是公寓，你要告诉计算机需要存储什么类型的数据。变量名就相当于房间号。比如现在要存储一个整数，类型为 int，变量名就叫作 a。

```
01 int a;
```

●**布尔教授**：这里的 int 是整数的英文单词 integer 的缩写。

互动课件 申请存储数据的小房子

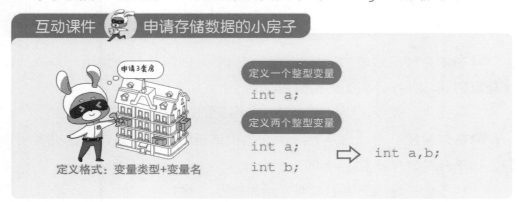

定义格式：变量类型+变量名

定义一个整型变量

int a;

定义两个整型变量

int a;
int b;   ⇨   int a,b;

科技兔：如果我还想存储其他类型的数据，该怎么办？

布尔教授：除了存储整数类型，还可以存储小数类型和字符类型。小数类型常被称作浮点类型，用 float 或者 double 表示；字符类型包含键盘上的字母、特殊符号、数字等，比如 a，A，@，1……用 char 表示。

科技兔：如果我想要存储一个小数，变量名为 b，代码是不是"float b;"？

```
01 float b;
```

布尔教授：没错，double b;也是可以的。

```
01 double b;
```

布尔教授：如果定义一个字符类型变量，变量名为 c 呢？

科技兔：肯定是 char c;啦！

```
01 char c;
```

互动课件　不同类型的小房子

整数	小数	字符
100	3.1415926	K
a	b	c
int a;	double b;	char c;
integer的缩写	float b;	

科技兔：我看到变量名都是小写字母 a，b，c 之类的，能否叫作 bool 呢？

布尔教授：不行哦。变量名也有特定的命名规则，只能由字母、数字和下划线组成，不能以数字开头，不能是关键字。bool 就是一个关键字，所以不能作为变量名。

布尔教授：接下来考考你，判断一下是否是正确的变量名。

科技兔：我有很大的信心！

布尔教授：a_，1a，xyz 这三个变量名中哪些是正确的？

科技兔：a_和 xyz 是正确的，1a 违反了"数字不能作为开头"这一规则。

●布尔教授：看来你已经掌握基本规律。

互动课件   变量名命名规则

1 只能由字母（A~Z、a~z）、数字（0~9）和下划线（ _ ）组成。

2 不能以数字开头，只能以字母或者下划线开头。

3 不能是关键字。

4 严格区分大小写，A与a是不同的变量名。

科技兔：教授，我还有一个问题，到底什么是关键字？

●布尔教授：关键字，简单来说，就是已经具备特殊含义的标识符（变量名是标识符的一部分），有属于自己的含义。比如 int 就是关键字，因为 int 在 C++中代表整数，有属于自己的含义，所以不能再以其命名。

科技兔：这么说，float 和 double 也是关键字喽？

●布尔教授：没错，其实关键字还有很多，可以看一下下面的关键字表。注意，cout 不在表内。

C++关键字				
alignas	continue	friend	register	true
alignof	decltype	goto	reinterpret_cast	try
asm	default	if	return	typedef
auto	delete	inline	short	typeid
bool	do	int	signed	typename
break	double	long	sizeof	union
case	dynamic_cast	mutable	static	unsigned
catch	else	namespace	static_assert	using
char	enum	new	static_cast	virtual
char16_t	explicit	noexcept	struct	void
char32_t	export	nullptr	switch	volatile
class	extern	operator	template	wchar_t
const	false	private	this	while
constexpr	float	protected	thread_local	
const_cast	for	public	throw	

2.4 变量的赋值和自运算

●布尔教授：上一小节，我们已经学习变量的定义，但是并没有把具体的数据放到变量这个小房子里面。如果现在有一个整数变量 a，需要把数字 1 存储进去，这时候需要挖掘一个新符号，这个符号就是"="。

科技兔：布尔教授，这个符号我很熟悉，它不就是数学里面的等于符号吗？

布尔教授：对，外形上面是一样的，在数学中，"="是等于号，表示左右两边的数值相等。但是这个符号在 C++ 里面不是等于号，而是赋值符号，C++ 里面有属于自己的等于符号，后面我们就会见到。

布尔教授：另外，注意赋值的顺序是从右往左，所以要把数字 1 放进整数变量 a 中，不是 1 = a;，而是 a = 1;，从右往左将数字 1 赋值给变量 a。

```
01 a = 1;
```

科技兔：a = 1 就可以了吗？

布尔教授：完整代码是这样的："int a; a = 1;"。当然，还有更简便的写法，int a = 1;。注意赋值之前一定要先定义变量，不然数字没有地方放了。分号也不要忘记了！

```
01 #include <iostream>
02 using namespace std;
03 int main()
04 {
05     int a = 1;
06     cout << a;
07     return 0;
08 }
```

互动课件　变量的赋值

```
int a;
a = 1;
```

⚠ 注意 "="并不是数学里面的等于符号，而是 C++ 里面的**赋值符号**，赋值顺序**从右往左**。

布尔教授：科技兔，现在你已经学会了变量的定义和变量的赋值，我考你一个问题。

科技兔：来吧！但考无妨！

布尔教授：听清楚喽。如果现在有一个变量 a，最开始我给它赋值了数字 1，接下来又给它赋值了数字 2，请问最后的变量 a 里面存储的数字是几？

```
01 #include <iostream>
02 using namespace std;
03 int main()
04 {
05     int a;
06     a = 1;
07     a = 2;
08     cout << a;
09     return 0;
10 }
```

科技兔：好像有点迷糊了，是 12，不对，是 2？

布尔教授：其实变量 a 里面最后的数据就是 2，因为变量的赋值具有覆盖性，所以后面的 2 会把前面的 1 覆盖。如果我再继续给变量 a 赋值 3，赋值 4，赋值 5 呢？

```
01 #include <iostream>
02 using namespace std;
03 int main()
04 {
05     int a;
06     a = 1;
07     a = 2;
08     a = 3;
09     a = 4;
10     a = 5;
11     cout << a;
12     return 0;
13 }
```

科技兔：那就是 5！

布尔教授：真棒！你已经完全掌握了。

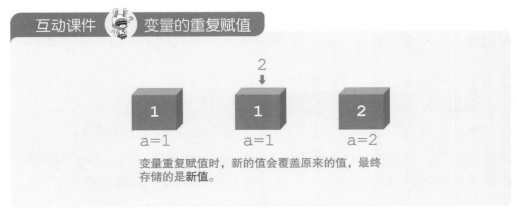

变量重复赋值时，新的值会覆盖原来的值，最终存储的是**新值**。

● 布尔教授：接下来问题升级，依然还是有一个整数变量 a，初始赋值为 1，执行 a=a+1;之后，a 里面的值是什么呢？

```
01 #include <iostream>
02 using namespace std;
03 int main()
04 {
05     int a;
06     a = 1;
07     a = a + 1;
08     cout << a;
09     return 0;
10 }
```

● 科技兔：根据赋值号从右往左的顺序，将 a+1 的内容赋值给 a，先计算 a+1 得 2，再将 2 赋值给 a，最后 a 里面就是 2。

变量自增

a=a+1;
a+=1;或者a++;

● 布尔教授：小脑袋转得非常快，分析过程是正确的。其实变量的运算不只是加减乘除，还有特殊的运算，就像刚刚的"a=a+1;"，这个运算过程

叫作变量的自增运算，"a=a+1;"还可以表示为"a+=1;"或者"a++;"。对应地，还有变量自减"a=a-1;"，也可以写成"a-=1;"或者"a--;"。

2.5 C++输入指令：cin >>

●**布尔教授**：前面我们已经学习了使用赋值号给变量赋值，但是这些赋值的数据都是固定的，这个时候就出现另外一种赋值方式——使用输入指令，让计算机听我的话，我输入几，就将输入的数字赋值给指定的变量。

●**科技兔**：这么神奇吗？输入的代码是什么？

●**布尔教授**：cin >> ，它的作用是读入数据，如果读入数据存储在变量 a 中，那么代码就是 cin >> a;，读入的数据就全部在 a 中，读入的数据也就可以改变啦！

```
01 #include <iostream>
02 using namespace std;
03 int main()
04 {
05     int a;
06     cin >> a;
07     cout << a;
08     return 0;
09 }
```

●**科技兔**：这个命令看上去和cout <<差不多，只是把out 改成in，并且箭头的方向反过来了，把它看成从外面输入一个数据到 a 中，就很好记啦！

互动课件　输入cin>>

```
int a;

cin >> a;
```

如果同时输入2个变量呢？

```
int a,b;

cin >> a >> b;
```

●**布尔教授**：使用定义变量和输入这两个命令来完成数据的读取，计算之后，使用上节课学过的输出命令输出，就能编写程序来完成一个简单的加减乘除计算器。

```
01 #include <iostream>
02 using namespace std;
03 int main()
04 {
05     cout << "这是一个简单的四则运算计算器" << endl;
06     cout << "请输入两个整数: " << endl;
07     //定义整数变量a,b
08     int a, b;
09     //读取两个数，分别储存在变量a和b中
10     cin >> a >> b;
11     cout << "运算结果为:" << endl;
12     //输出a+b的结果
13     cout << a << "+" << b << "=" << a + b << endl;
14     //输出a-b的结果
15     cout << a << "-" << b << "=" << a - b << endl;
16     //输出a*b的结果
17     cout << a << "*" << b << "=" << a * b << endl;
18     //输出a/b的结果
19     cout << a << "/" << b << "=" << a / b;
20     return 0;
21 }
22 //简单计算器程序：输入两个整数，输出它们的加减乘除结果
23 //点击"运行"按钮，在控制台（小黑窗）中按照如下格式输入两个整数
24 //数字10 空格　数字3 回车
25 //计算机就能马上计算出它们加减乘除的结果
```

🔘科技兔：好神奇！这个程序能够计算输入的任意两个整数加减乘除的结果。比我们之前只用cout写出的程序高级些！

🔵布尔教授：没错，虽然像"cout << 10+3;"这样的代码也能计算两个数的和，但如果计算的数字发生了变化，它就不适用了，必须重新修改代码。

🔵布尔教授：一个真正有用的程序应该既有输出也有输入的部分，这样才能具有通用性，在不修改代码的情况下，解决不同的问题。

🔘科技兔：能告诉我，它是怎么工作的吗？

🔵布尔教授：这个程序的核心代码只有3行：首先，"int a,b;"定

义整数变量 a 和 b；然后，"cin >> a >> b；"可以将读取的数分别储存在变量 a 和 b 中；最后，代码如下：

```
01 cout << a << "+" << b << "=" << a + b << endl;
```

🔵**布尔教授**：其实之前我们也讲过这句代码，它会输出一个表达式，包括加数与和。但是要注意只有符号原样输出需要用双引号括起来，其他变量是直接输出。这句代码中连续的输出运算符较多，一定要注意格式。

🔵**科技兔**：一定注意！总结一下，首先定义变量，然后读入，最后计算和输出！

🔵**布尔教授**：没错，你记住这些步骤了吗？

🔵**科技兔**：记住了，开工！

2.6 破解密码门

📘 关卡 1-5

关卡任务

使用 cin 命令获取电脑中的密码，然后在密码门前输出。

🔵**科技兔**：有了前面所有新技能的加持，感觉这一关轻松了很多，前进 2 步到达电脑前，用 cin >> 指令获取密码，左转前进 3 步来到密码门前，用 cout << 指令说出密码即可。

☑ 关卡 1-5 完美通关代码：

```
01 #include <iostream>
02 using namespace std;
03 int main()
```

```
04 {
05     int a;
06     forward(2);
07     cin >> a;
08     left();
09     forward(3);
10     cout << a;
11     return 0;
12 }
```

⊞ 关卡 1-6

●布尔教授：干得漂亮，你已经学会了输入和输出指令，接下来的挑战要靠你独自完成。

●科技兔：那您呢？

●布尔教授：总部里还有很多重要事情等着我去处理。

●布尔教授：喂，外卖吗？放前台就好，我马上来拿。

●科技兔：什么？看来我得独自作战了。

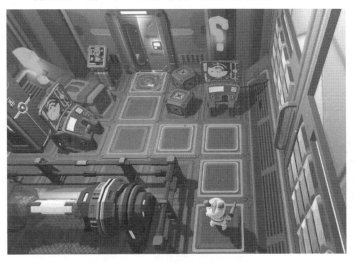

关卡任务

从两台电脑中读取数据，密码是两个数之和。

●科技兔：这一关需要获取 2 处数据，密码是这两个数的和。获取 2 处数据，首先要定义两个变量 a 和 b，先前进 2 步获取变量 a 的值，左转前进 2 步再获取变量 b 的值，右转前进 2 步就到达密码门前，用 "cout << " 输出 a+b 的和就通关啦！

☑️ 关卡 1-6 完美通关代码：

```
01 #include <iostream>
02 using namespace std;
03 int main()
04 {
05     int a, b;
06     forward(2);
07     cin >> a;
08     left();
09     forward(2);
10     cin >> b;
11     right();
12     forward(2);
13     cout << a + b;
14     return 0;
15 }
```

▦ 关卡 1-7

机械爪牙：呼哧呼哧……

🐰科技兔：这些机械爪牙身上带有数据芯片，密码门的线索一定藏在它们身上。使用 attack() 指令打败它们，读取掉落的数据，然后把三个数相加，就是门的密码！

🐰科技兔：转向稍微有些多，不过没关系，小意思啦！

关卡任务

打败敌人，读取掉落芯片的数据，密码是三个数之和。

🐰科技兔：先攻击第一个机械爪牙，获取变量 a，前进 2 步右转，攻击第二个机械爪牙，获取变量 b，前进 2 步左转，攻击第三个机械爪牙，获取变量 c，最后前进 2 步，在密码门前说出 a+b+c 的和就可以了。

☑ 关卡 1-7 完美通关代码：

```
01 #include <iostream>
02 using namespace std;
03 int main()
04 {
05     int a, b, c;
06     attack();
07     cin >> a;
08     forward(2);
09     right();
10     attack();
11     cin >> b;
12     forward(2);
13     left();
14     attack();
15     cin >> c;
16     forward(2);
17     cout << a + b + c;
18     return 0;
19 }
```

▦ 关卡 1-8

● 科技兔：一个巨型机械爪牙守着通往地下基地的入口。

● 科技兔：打败它，可以掉落 3 个数据芯片，门的密码是 3 个数相乘。

教授和哈希鼠都不在，只能靠我自己了。

关卡任务

打败敌人，读取芯片数据，密码是 3 个数的乘积。

科技兔：3 个数据芯片对应 3 个变量, 先定义 3 个变量, 使用 attack() 指令打败这个巨型的机械爪牙, 用 cin >> 指令连续读入 3 个数据, 前进 3 步到达密码门前, cout << 指令输出 3 个变量的乘积。完全通关！

科技兔：今天靠自己, 任务圆满完成！

☑ 关卡 1–8 完美通关代码：

```
01 #include <iostream>
02 using namespace std;
03 int main()
04 {
05     int a, b, c;
06     attack();
07     cin >> a >> b >> c;
08     forward(3);
09     cout << a * b * c;
10     return 0;
11 }
```

布尔教授：接下来, 我们总结今天的内容吧。

2.7 课堂总结

什么是变量？

计算机用来存储数据的"小房子", 变量里面的值可以改变。

怎样定义一个变量？

变量类型+变量名。

C++的输入指令是什么？

cin >> 。

变量 a 自增 1 有哪些表示方式？

a++; a+=1; a=a+1;。

小朋友们, 这些知识点都记住了吗？接下来, 进入随堂测试环节, 检验一下大家的掌握情况。

2.8 随堂练习

1. 下列标识符正确的是? ( )

    A. 1a   B. $123   C. char   D. _b

2. 下面代码能够表示正确的输入指令的是? ( )

    A. cin <<   B. cout <<
    C. cin >>   D. cout >>

3. 输入 2(回车)4,执行下方的代码,输出正确的结果是? ( )

```
01 #include <iostream>
02 using namespace std;
03 int main()
04 {
05     int a, b;
06     cin >> a >> b;
07     cout << a + b / 2;
08     return 0;
09 }
```

    A. 3.5   B. 4   C. 3   D. 4.5

2.9 课后作业

完成一个简单的四则运算计算器,需要满足的要求:完成计算器的代码之后点击"运行"按钮,让爸爸或妈妈从键盘上任意输入两个数,程序可以计算出这两个数的加减乘除结果。(注意:除法计算,得整数商即可)

我的代码:

_____

_____

_____

_____

_____

第3课　拯救哈希鼠

3.1　开场

各位同学好！今天的课程即将开始，温故才能知新，大家在课下有没有好好巩固上节课的内容，完成相应的课后练习呢？

上一节课，我们学习了计算机中存储数据的小房子——变量。如果想把数据真正地存入变量中，一种方式是通过赋值号"="赋值，另一种方式是使用计算机输入指令 cin >> ，通过键盘输入存储不同的值。并且现在还能够制作出简单的四则运算计算器，各位源码守护者又上了一个台阶。不过小朋友们千万别骄傲，变量是一个非常重要的知识点，在后面的学习中会经常使用到，所以一定要牢记它的用法。

在今天的课程中，科技兔又接到一项新任务，有一名源码守护者被困在地下密室，需要立马解救。但需要有新技能的加持，这个新技能就是 for 循环。

for 循环到底有什么神奇之处？我们为什么需要掌握这项技能？让我们和科技兔一起解锁今天的任务——拯救哈希鼠吧！

- ■ 循环的概念以及作用
- ■ for 循环的组成
- ■ 循环结构的执行顺序
- ■ 循环的应用

3.2　什么是循环

随着一扇又一扇的密码门被打开，新的任务又出现了。

● 布尔教授：味道不错。啊，我是说干得不错！你竟然一个人闯到这里了。

● 科技兔：别以为我不知道你偷偷去吃东西了。

● 布尔教授：这条回廊通往地下密室。我刚收到情报，有一名源码守护者被困在这里了。

● 科技兔：一定是哈希鼠，我们去救她！

●布尔教授：不要着急，进入密室之前，我先教你一个厉害的技能：for 循环。

●科技兔：循环？我只听说过循环利用，这个循环是什么呢？

●布尔教授：循环就是重复发生的事情。

●科技兔：哦，我知道了。早上爸爸送我上学，路上的红绿灯就是一种循环，绿灯亮完黄灯亮，黄灯亮完红灯亮，交通灯一直都是这样的。

●布尔教授：在不受外部条件的影响下，红绿灯是一种循环。其实时间也是循环的，一天 24 小时，一天结束之后又是新的一天。还有四季，春夏秋冬之后依然是春夏秋冬。

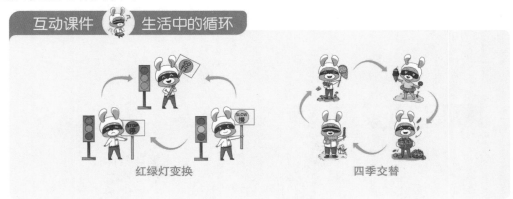

互动课件　生活中的循环

红绿灯变换　　　　　　　四季交替

●布尔教授：其实对于这种重复的事情，我们完全可以用"重复……次，每次……"的描述方式来简化。例如，现在有 10 个科技兔，我说成"科技兔，科技兔，科技兔，科技兔……"这样描述很麻烦，如果描述成"重复 10 次，每次说 1 个科技兔"就方便很多。

●科技兔：对，如果是 100 个，完全可以说"重复 100 次，每次说 1 个科技兔"嘛！

●布尔教授：确实可以这样简化。这种"重复……次，每次……"的结构，其实就是编程里面的"循环结构"啦。

3.3 for 循环出现

●科技兔：哦，我知道了，使用 for 循环可以简化重复的代码，这样过程就不会显得那么冗余。那么，for 循环的具体指令是什么样子的啊？

●**布尔教授**：想要简化描述重复的事情，重复的次数和具体重复的内容就是两个关键因素，所以 for 循环由两个部分组成：循环条件和循环体。循环条件是指循环次数，循环体里面就是每一次重复执行的内容。整体含义是：每次执行循环体里面的内容，直到循环次数完成。

```
01  #include <iostream>
02  using namespace std;
03  int main()
04  {
05      for (int i = 1; i <= 3; i++)
06      {
07          cout << "hello" << endl;
08      }
09      return 0;
10  }
```

互动课件　for循环

```
for(int i=1;i<=3;i++)
{

        重复代码；

}
```

➡ **循环条件：**
循环次数

➡ **循环体：**
每一次循环执行的内容

for循环包含2个部分：循环条件和循环体。
每次执行循环体里面的内容，重复执行循环条件对应的次数。

●**科技兔**：这个代码看起来比之前的代码复杂得多。

●**布尔教授**：没关系，我们一点一点分析，首先看到 f-o-r→for，要会这个单词的拼写，它是一个关键字。

●**科技兔**：这个我知道，上节课我在关键字表中看到这个单词，所以 for 不能作为变量名。那么，for 后面的呢？

●**布尔教授**：这一整行是循环条件，也就是循环次数，你知道这个代码循环次数是多少吗？

●**科技兔**：3 次？

布尔教授：对，3 次。循环条件里面有 3 个小部分：循环次数的起始值、结束值和步长值，中间会用两个分号隔开这 3 个部分。这 3 个部分分别代表循环次数从 1 开始，到 3 结束，i++ 说明循环次数每次增加 1，从 1 到 2，再到 3，循环次数就是 3。

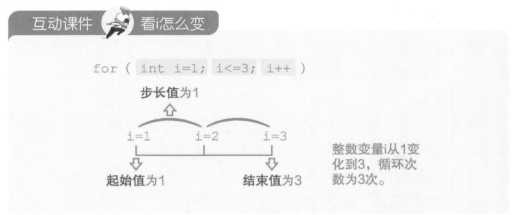

科技兔：下面大括号以及大括号里面的内容就是循环体。

布尔教授：对，大括号里面的代码就是需要重复执行的代码，如果重复代码是 cout << "hello" << endl;，循环条件不变。输出结果是怎样的呢？

科技兔：应该是重复 3 次，每次输出 1 个 hello，就是 3 行 hello。

布尔教授：仔细思考，输出 3 行 hello 也可以用 3 行 cout << "hello" << endl;按照顺序结构完成，但使用循环结构就不需要重复写这行代码。因此可以说，循环结构就是对顺序结构的一种简化。

布尔教授：再试试输出 100 行 hello 吧。这更能体现出循环结构的方便之处。

科技兔：开始编程吧。

```
01 #include <iostream>
02 using namespace std;
03 int main()
04 {
05     for (int i = 1; i <= 100; i++)
06     {
07         cout << "hello" << endl;
```

```
08        }
09        return 0;
10 }
```

3.4 循环小技巧

布尔教授：现在你已经学会 for 循环的代码，为了让你的任务完成得更顺利，我决定再送你两个小技巧。

科技兔：真的吗？两个什么样的小技巧啊？

布尔教授：刚刚我们已经明确了循环的作用是为了简化重复的代码，那么书写循环代码最关键的事情就是找到重复的代码。这两个小技巧就是教你如何找到重复的代码。

> **互动课件** 循环小技巧
>
> 循环最主要的作用是什么？
> 简化重复的代码！
> 所以循环最关键的事情就是　**找到重复的代码。**

科技兔：感觉都是非常实用的技巧啊！

布尔教授：第一种方法是间接法，也是我们最开始接触 for 循环时常用的方法：在完整代码里面找循环，也就是说，先把所有的代码按照顺序结构写出来，然后找到代码中重复的部分，最后把重复的代码简化到一个循环中。

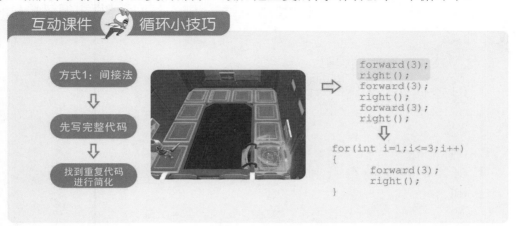

●布尔教授：第二种是直接法，等你对 for 循环比较熟悉的时候可以采用这种方法。先分析任务，找到任务的重复规律，然后就可以按照"重复……次，每次……"的结构直接写出循环的代码。

●布尔教授：再给你一个建议，如果是路径分析问题，可以采用绘图工具将整体路径先画下来，找到整体路径中的循环路径，最后根据循环路径直接写代码。

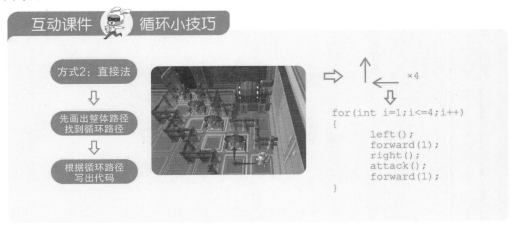

●科技兔：学到了，学到了。感谢教授的小技巧！

3.5 哈希鼠的救援

目 关卡 1–9

关卡任务

观察路线规律，使用循环结构写出代码。

●布尔教授：for 循环的理论，你已经掌握得差不多了，接下来哈希鼠就靠你了！

🐰科技兔：现在需要先进入地下密室，通过分析路径可以知道，里面是有重复路径产生的，重复路径应该是前进 3 步右转，重复了 3 次到达终点。

⚫布尔教授：嗅到了循环结构的味道。

🐰科技兔：重复 3 次，每次前进 3 步右转，明确的循环结构，那我将循环次数修改为 3 次，循环体内容补充为 forward(3);和 right();就可以了。

⚫布尔教授：开始试试吧！

☑ 关卡 1-9 完美通关代码：

```
01 #include <iostream>
02 using namespace std;
03 int main()
04 {
05     for (int i = 1; i <= 3; i++)
06     {
07         forward(3);
08         right();
09     }
10     return 0;
11 }
```

🔳 关卡 1-10

机械爪牙：呼哧呼哧……

🐰科技兔：看你指的破路，我们被包围了！

⚫布尔教授：记得刚教你的新技能和技巧吗？是时候再次使用出来。

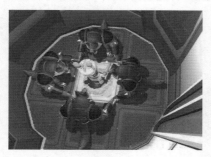

关卡任务
观察敌人规律，写出循环结构代码。

🐰科技兔：我看看……我现在被 4 个机械爪牙包围，需要依次消灭它们。在重复的事物里面找规律，攻击每个机械爪牙的方式都是一样的，我来绘制一下路径（绘制中……）。确实是，先攻击完第一个机械爪牙再右转（或者左转），就面向第二个机械爪牙，第二个机械爪牙攻击完右转（或者左转）就面向第三个机械爪牙，这样转完一圈我就突围了。汇总一下，重复 4 次，每次先攻击再右转（或者左转）。

🔘 **科技兔**：哈哈！好厉害！看我的旋风斩！

🔘 **布尔教授**：……（尴尬得不知道说什么好）

☑️ 关卡 1-10 完美通关代码：

```
01  #include <iostream>
02  using namespace std;
03  int main()
04  {
05      for (int i = 1; i <= 4; i++)
06      {
07          attack();
08          right();
09      }
10      return 0;
11  }
```

🔢 关卡 1-11

🔘 **科技兔**：这里守卫森严，哈希鼠一定被关在这里。

🔘 **布尔教授**：我们必须速战速决，仔细观察路线中的重复部分，用 for 循环来简化代码。

关卡任务
观察敌人规律，写出循环结构代码。

🔘 **科技兔**：看我的！依然是 4 个机械爪牙，整体分析之后我发现攻击每个机械爪牙的方式也是一样的，每次先左转，前进，再右转，攻击，攻击之后再前进一步，重复 4 次。具体循环的代码已经浮现在我的脑海里。

☑ **关卡 1–11 完美通关代码：**

```cpp
01 #include <iostream>
02 using namespace std;
03 int main()
04 {
05     for (int i = 1; i <= 4; i++)
06     {
07         left();
08         forward(1);
09         right();
10         attack();
11         forward(1);
12     }
13     return 0;
14 }
```

📘 **关卡 1–12**

🔵哈希鼠：可恶，被敌人包围了！

🔵科技兔：太好了，我来得正是时候！

🔵科技兔：接下来请欣赏：科技兔编程世界之 for 循环的应用之英雄救美！

🔵哈希鼠：（生气）先消灭这些敌人啊！

关卡任务
观察敌人规律，写出循环结构代码。

🔵科技兔：一看就有重复的规律，现在我对 for 循环已经用得炉火纯青，你就放心吧！从一个机械爪牙到另一个机械爪牙的路径是重复的，重复 4 次，每次先攻击，左转（或者右转），前进 2 步，右转（或者左转），前进 2 步，右转（或者左转），一次循环结束。

●哈希鼠：谢谢你，来得太及时了！

☑ 关卡 1-12 完美通关代码：

```
01 #include <iostream>
02 using namespace std;
03 int main()
04 {
05     for (int i = 1; i <= 4; i++)
06     {
07         attack();
08         left();
09         forward(2);
10         right();
11         forward(2);
12         right();
13     }
14     return 0;
15 }
```

3.6 循环结构执行顺序

●布尔教授：恭喜你成功解救了哈希鼠！现在你对循环结构的构成已经很熟悉，那么能不能讲一讲循环结构和顺序结构的区别？

●科技兔：顺序结构是自上而下一行一行地执行代码，循环结构好像是把代码自上而下执行完毕之后，再重新开始，直到循环次数完成，结束。

●布尔教授：对，总结得不错！下面我们就看一段代码，通过实例学习循环结构的执行顺序。

```
01 #include <iostream>
02 using namespace std;
03 int main()
04 {
05     for (int i = 1; i <= 3; i++)
```

```
06        {
07              cout << "hello" << endl;
08        }
09        return 0;
10 }
```

🐰 科技兔：我们之前见过这段代码，可以输出 3 行 hello。

🐼 布尔教授：这 3 行 hello 具体是怎样被输出的呢？现在我把每个小的部分标上序号，你能按照序号告诉我这段代码执行的顺序吗？

🐰 科技兔：①→②→③→④→①→②→③→④→①→②→③→④？

🐼 布尔教授：这个顺序是你们很容易陷进的一个误区。具体顺序应该是这样的：

①→②→④→③→②→④→③→②→④→③→②→结束。

互动课件 　循环结构执行顺序

```
for( ① int i=1; ② i<=3; ③ i++ )
{
        ④ cout << "hello" << endl;
}
```

执行① i=1 ➡ 执行② i<=3 是否成立 ➡ 如果②成立，执行④，输出第1个hello ➡

执行③ i=2 ➡ 执行② i<=3 是否成立 ➡ 如果②成立，执行④，输出第2个hello ➡

执行③ i=3 ➡ 后面的过程请大家继续思考吧！

🐰 科技兔：原来④在③的前面。

🐼 布尔教授：先执行①，i 会被称作循环变量，i=1 代表循环第 1 次，接下来执行②进行判断，此时循环变量 i=1 满足条件 i<=3，成立，就可以执行循环体④的内容，会输出第 1 个 hello。记住，第一次循环已经完成，所以要准备进入第 2 次循环。

🐰 科技兔：接下来执行③，i++循环变量 i 就会等于 2，再来执行②进行判断，此时循环变量 i=2 满足条件 i<=3，成立，所以会执行④输出第 2 个 hello。

布尔教授：对，你已经成功走出刚刚的误区！

科技兔：后面的过程我想继续说完。

布尔教授：非常欣赏你的做法！

科技兔：依然是③→②→④，i 变成了 3，满足循环次数条件，输出第 3 个 hello。现在循环次数已经用完了，这就结束了吗？

布尔教授：这就是另一个要注意的点了。代码还会继续执行③进行最后一次 i++，i=4 进入判断，4<=3 并不成立，这就意味着循环次数已经用完，可以结束整个循环。

科技兔：终于知道为什么正确顺序会有最后③→②这两步，原来就是循环整体结束的判断。

3.7 数字中的循环

布尔教授：了解了循环结构的执行顺序之后，现在考你一个问题，如果想输出 1~100 之间所有的整数，你有什么思路？

科技兔：简单啊，"cout << 1;" "cout << 2;" "cout << 3;"……

布尔教授：哇，这样写貌似可行，但是写起来好麻烦。

科技兔：嗯，我想想还有没有其他方式，使用 for 循环？

布尔教授：输出 1~100 这 100 个数字，使用循环结构表示的话就是"重复 100 次，每次输出 1 个数字"，我们可以先把 for 循环的基本框架写出来。回顾一下前面的内容，循环次数为 100，起始值可以为 1，结束值为 100，步长值为 1。

科技兔：现在就一个问题了，输出什么内容呢？

布尔教授：还记得我们前面讲解 for(int i=1;i<=3;i++) 这个循环条件里面的循环变量 i 怎么变化吗？

科技兔：循环 i=1，i=2，i=3。

布尔教授：你有没有发现，输出的内容与循环变量 i 完全吻合。循环第 1 次输出 1，循环第 2 次输出 2……

科技兔：所以，输出变量 i 不就好了？

```
01 #include <iostream>
02 using namespace std;
03 int main()
04 {
05     for (int i = 1; i <= 100; i++)
06     {
07         cout << i << endl;
08     }
09     return 0;
10 }
```

●布尔教授：没错！但是要注意输出变量 i 代码是 cout << i << endl;，不要写成 cout << "i" << endl;，否则就输出 100 个字母 i。

互动课件　循环小练习

输出1~100之间所有的整数：
循环100次，起始值为1，结束值为100，步长值为1；
重复输出，每次输出1个数字，数字与循环变量i相同。

```
for(int i=1;i<=100;i++)
{
    cout <<   i   << endl;
}
```

●布尔教授：这就是数字中的循环。其实还有另一种形式，输出 100~1 之间的所有数字，逆序输出所有数字。

●科技兔：循环次数还是 100 次，循环条件应该不用变，但是输出的数字要从 100 开始，这不太好表示，我来找找规律：

i=1，输出 100；

i=2，输出 99；

i=3，输出 98；

......

i=100，输出 1；

●科技兔：找到了，变量 i 和输出的数字和全部都是 101，那可以直接用 101-i 就可以了，cout << 101-i << endl;。

　　布尔教授：使用了数学思维，不错不错！我们转换一下思路，用编程的思维来看。如果还是希望输出的内容与循环变量一致，那就意味着循环的起始值、结束值和步长值要变一变。

　　科技兔：哦，我知道了。循环变量起始值为 100，结束值为 1。步长值不能是 1 了，那怎么表示呢？

　　布尔教授：实际上，步长值就是 -1，也就是变量 i 每次都减 1。还记得变量的自运算吗？变量可以自增，也可以自减，所以步长值这一块表示成 i-- 或者 i=i-1 或者 i-=1 都可以。

　　布尔教授：另外，还要注意第 2 个部分，符号要反向，如果还是 i<=1，那么循环第 1 次就不满足条件，直接结束。循环变量 i 从大数到小数依次递减到 1 结束，判定条件就要变成 i>=1。

　　科技兔：要注意的地方的确不少，不过我相信我都会记住的。

　　哈希鼠：科技兔，在我被困的这段时间你又进步不少哦。

互动课件　循环小练习

输出100~1之间所有的整数：
循环100次，起始值为100，结束值为1，步长值为-1（每次减少1）；
重复输出，每次输出1个数字，数字与循环变量i相同。

```
for( int i=100 ; i >= 1 ; i -- )
{
    cout <<   i   << endl;
}
```

3.8　步长小妙用

　　布尔教授：通过逆序输出数字，可以发现，步长值是可以改变的，1 或者 -1，都是根据我们的需求而定的，再试试下面的代码。

```
01 #include <iostream>
02 using namespace std;
```

```
03 int main()
04 {
05     for (int i = 2; i <= 100; i = i + 2)
06     {
07         cout << i << endl;
08     }
09     return 0;
10 }
```

科技兔：好神奇，这段代码竟然输出 1~100 之间所有的偶数！

布尔教授：所以只要掌握了 for 循环的本质，通过修改起始值、结束值和步长值，就可以输出不同类型的数字。

哈希鼠：科技兔，我来考你一个问题，你知道这段代码起始值为什么要从 2 开始吗？

科技兔：因为此时步长为 2，偶数之间的差值也是 2，就一定要从这个范围里的第一个偶数开始喽！

布尔教授：大家还可以尝试一下，怎样修改代码可以输出 1~100 中 3 的倍数，4 的倍数，5 的倍数……

布尔教授：今天的课程已经快接近尾声了，接下来进入课堂内容回顾环节。

3.9 课堂总结

▌ **能够简化重复代码的指令是什么？**
for 循环。

▌ **for 循环结构由哪两个部分组成？**
循环条件+循环体。

▌ **for 循环条件由哪三个部分组成？**
起始值、结束值和步长值。

▌ **完成 for 循环代码的两种方式是什么？**
直接法和间接法。

小朋友们，对于 for 循环，你们掌握了吗？马上进入随堂测试环节。

3.10 随堂练习

1. 下列哪一项说法可以用作 for 循环结构的中文描述？（　　）

A．首先……，然后……

B．如果……，否则……

C．重复……次，每次……

D．一边……，一边……

2. 循环结构主要由哪两个部分组成？（　　）

A．循环条件和循环次数

B．循环次数和循环体

C．循环体和循环内容

D．以上说法都正确

3. 想让 for 循环的循环次数为 10 次，下列代码正确的是？（　　）

A．for(int i=1;i<=10;)

B．for(int i=0;i<=10;i++)

C．for(int i=1;i=10;i++)

D．for(int i=1;i<=10;i++)

4. for(int i=a;i<=b;i=i+c)，代码中 a，b，c 的含义分别是？（　　）

A．起始值，结束值，步长值

B．起始值，步长值，结束值

C．结束值，起始值，步长值

D．步长值，起始值，结束值

3.11 课后作业

在编译器中输入下面制作简易日历的代码，运行输入某个月的第一天的星期数和最后一天的日期，然后对照家里的日历表或者日历软件，观察和程序输出的日历是否匹配。

```
01 #include <iostream>
02 #include <iomanip>
03 using namespace std;
04 int main()
05 {
06     int i,day,stop;
07     cout<<"Please input day and stop:"<<endl;
08     cin>>day>>stop;
```

```
09        cout<<"  Mon  Tue  Wed  Thu  ";
10        cout<<"  Fri  Sat  Sun"<<endl;
11        cout<<setw(5*(day-1))<<" ";
12        for(i=1;i<=8-day;i++)
13        {
14            if(i!=8-day)
15                cout<<setw(5)<<i;
16            else
17                cout<<setw(5)<<i<<endl;
18        }
19        for(i=9-day;i<=stop;i++)
20        {
21            if(i%7!=8-day)
22                cout<<setw(5)<<i;
23            else
24                cout<<setw(5)<<i<<endl;
25        }
26        cout<<setw(5)<<endl;
27        return 0;
28 }
29 //day:某个月第一天的星期数
30 //stop:某个月最后一天的日期
31 //本程序输入 day 和 stop 就可以获取到本月的日历。
```

互动课件　空格怎么办?

setw(n); 只对紧接着的输出产生作用。
设置字段的宽度,n表示宽度,用数字表示。
cout << setw(10) <<"Robot";

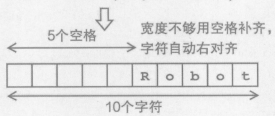

5个空格

宽度不够用空格补齐,
字符自动右对齐

| | | | | | R | o | b | o | t |

10个字符

第4课 复习小结1

开场

　　各位同学好！时间过得真快，转眼间第 1 个小阶段的学习结束啦！不知道大家有没有遗忘前面的内容呢？及时地巩固也是非常重要的，这节课让我们一起来复习吧！

- 特殊的除号
- a++ 与 ++a
- 循环结构复习

4.2 特殊的除号

　　🔵布尔教授：前面我们学习了程序的两种基本结构：顺序结构和循环结构。循环结构可以说是顺序结构的延伸，我们就从顺序结构开始复习吧。

　　🔵布尔教授：现在请你先试试下面这段顺序结构的代码。

```
01 #include <iostream>
02 using namespace std;
03 int main()
04 {
05     cout << 10 / 2 << " ";
06     cout << 10 / 3 << " ";
07     cout << 10 / 4 << " ";
08     cout << 10 / 5;
09     return 0;
10 }
```

科技兔： 奇怪了，为什么 10/3 的商是 3，不应该是 3.333……，10/4 的商好像也与数学计算不同。

布尔教授： 被你发现了。这就是编程与数学在除法运算方面的不同。你还记得我们前面学习了哪些数据类型吗？

科技兔： 整型，浮点型，还有字符类型。

布尔教授： 对，没错。如果在一个除法表达式中，被除数和除数都是整型，那么商也要保持一致，必须是整型，即使原本的商就是小数，也只保留整数位的数字。

科技兔： 我懂了，所以 10/3 的商是 3，10/4 的商是 2。

互动课件 **特殊的除号**

```
cout << 10/2;

cout << 10/3;

cout << 10/4;

cout << 10/5;
```

尝试一下左侧的代码，看看输出有什么特别的地方吧。

总结 除号两边如果都是整型数据，结果一定是整数商。

哈希鼠： 我有一个问题，如果想得到除法表达式的商含有小数位呢？

布尔教授： 转换一下思路，除号两边是整数，则商是整数。

科技兔： 哦，我知道了。可以改变被除数或者除数的类型，如果想获得小数商，可以将类型转换成浮点数类型。

布尔教授： 不错，现在都会抢答了。你们已经掌握原理了，在编程器上面试试这段代码吧。

```
01 #include <iostream>
02 using namespace std;
03 int main()
04 {
05     float a = 158, b = 128;
06     cout << a / b;
07     return 0;
```

```
08  }
```

●**布尔教授**：对于小数商的输出，可以将被除数或者除数的类型调整为 float/double 类型。

互动课件　小数商怎么办？

```
cout << 158/128;                    1
        ⇩                           ⇩
float a=158,b=128;              1.23438
cout << a/b;
```

总结 对于小数商的输出，可以将被除数或者除数的类型调整为 float/double 类型。

4.3 a++ 和 ++a 的区别

●**布尔教授**：关于变量的自增运算，你们还记得多少呢？

●**科技兔**：我记得 a++;。

●**布尔教授**：除了可以表示为 a++，还可以怎么表示？

●**哈希鼠**：a=a+1;或者 a+=1;。

●**布尔教授**：对于变量的自增，常见的是 a++ 这种形式。不过还有另外一种形式：++a。

●**科技兔**：这种形式也是代表变量 a 的值会增加 1 吗？

●**布尔教授**：是的，a++ 和 ++a 都属于自增运算，但是两者也有区别。a++，加号在变量之后，代表先取值，再自增；而 ++a，正好相反，加号在变量之前，代表先自增，再取值。

互动课件　先加? 后加?

```
a++        加号在后，先取值，再自增

++a        加号在前，先自增，再取值
```

科技兔：教授，我还不是太理解这两者的区别。

布尔教授：没关系，现在为你们准备了两段代码，你们操作起来，用实践来理解吧。

```cpp
01 #include <iostream>
02 using namespace std;
03 int main()
04 {
05     int a = 1;
06     cout << a++ << endl;
07     int b = 1;
08     cout << ++b;
09     return 0;
10 }
```

布尔教授：第一段代码输出的结果是 1（换行）2。根据刚刚说的规则，变量 a 的初始值为 1，首先输出 a++ 的值，加号在后是先取值再自增，所以先获取到 a 的值为 1，输出 1，输出之后再进行自增。变量 b 的初始值也为 1，输出++b 的值，加号在前先自增再取值，所以 b 的值会更新为 2，输出 2。

```cpp
01 #include <iostream>
02 using namespace std;
03 int main()
04 {
05     int a = 1;
06     cout << a++ << endl;
07     cout << ++a;
08     return 0;
09 }
```

布尔教授：经过你们的测试，第二段代码的结果是什么？

科技兔：1（换行）3。

布尔教授：可以解释一下这个结果的由来吗？

科技兔：变量 a 的初始值为 1，输出 a++ 的值，这与上面的代码是一致的，加号置后，先获取 a 的值为 1，再进行输出，所以第一个输出结果为 1。后面的过程就交给哈希鼠吧！（实际上是不确定自己的想法是否正确）

●哈希鼠：那就继续科技兔说的过程，当输出 a++ 的值之后，变量 a 开始自增，此时 a 的值已经是 2。之后要输出 ++a 的值，加号置前，先自增再取值，所以在 a=2 的基础上自增，最后输出结果就是 3。

●布尔教授：哈希鼠分析得很正确，科技兔你要向她学习啊。

●布尔教授：再看看下面的代码。如果不确定，可以去编译器试试啦。

```
01 #include <iostream>
02 using namespace std;
03 int main()
04 {
05     int a = 1;
06     a++;
07     ++a;
08     a++;
09     ++a;
10     cout << ++a;
11     return 0;
12 }
```

●布尔教授：接下来，再考你们一个问题，我们知道变量之所以称为变量，是因为小房子里面的值可以随意改变，如果现在要输出"我的年龄是 age 岁"，age 的值由键盘读入的内容决定，比如读入数字 10，输出"我的年龄是 10 岁。"下面请大家思考一下吧。

```
01 #include <iostream>
02 using namespace std;
03 int main()
04 {
05     int age;
06     cin >> age;
07     cout << "我的年龄是" << age << "岁。";
08     return 0;
09 }
```

●科技兔：原来如此，最开始把 age 写到双引号里面，结果只是输出了单词 age，并没有输出 age 对应的值。

布尔教授：这也正是我要强调的，cout << 原样输出时需要使用双引号（数字例外），输出变量的值或者进行计算时则不需要双引号，记住这个规则。

互动课件 年龄知多少

```
int age;

cin >> age;

cout << "我的年龄是"<< age << "岁。";
```

总结 cout << 原样输出需要双引号（数字例外），输出变量或者进行计算则不需要双引号。

4.4 区间打印

布尔教授：顺序结构复习完了，接下来就是循环结构。循环结构由循环条件和循环体两大部分组成，而循环条件由 3 个小部分组成，起始值、结束值和步长值决定了循环的范围。如果需要输出 1~a 之间所有的整数，这个 for 循环如何完成？

科技兔：首先定义一个变量 a 并输入，要求 1~a 之间的数字，起始值肯定是 1，结束值就是 a，步长值为 1。

布尔教授：循环条件解决了，那么循环体的内容呢？

哈希鼠：当然是输出变量 i！

```
01 #include <iostream>
02 using namespace std;
03 int main()
04 {
05     int a;
06     cin >> a;
07     for (int i = 1; i <= a; i++)
08     {
```

```
09          cout << i << " ";
10      }
11      return 0;
12  }
```

●布尔教授：如果输出 a~100 之间的整数呢？

●科技兔：起始值为 a，结束值为 100，步长值为 1，循环输出 i。

```
01 #include <iostream>
02 using namespace std;
03 int main()
04 {
05      int a;
06      cin >> a;
07      for (int i = a; i <= 100; i++)
08      {
09          cout << i << " ";
10      }
11      return 0;
12  }
```

●布尔教授：相信你们已经很熟练了，最后再输出 a~b 之间所有的整数吧。自己试试吧。

```
01 #include <iostream>
02 using namespace std;
03 int main()
04 {
05      int a, b;
06      cin >> a >> b;
07      for (int i = a; i <= b; i++)
08      {
09          cout << i << " ";
10      }
11      return 0;
12  }
```

互动课件　区间打印

起始值为a

输入：
5　10

输出：
5　6　7　8　9　10

结束值为b
```
int a,b;
cin>> a >> b;
for(int i=a;i<=b;i++)
{
    cout << i << " ";
}
```

布尔教授：编写完代码之后，可以自己测试一下，例如输入"5 10"，看是否会输出"5 6 7 8 9 10"。注意，输入两个数的时候，中间要加上一个空格，否则计算机会认为输入了510。另外，大家也要记住，多次的测试也可以帮助我们检测代码的正确性。

布尔教授：升级一下，如果是需要输出 a~b 之间所有 a 的倍数，可以巧妙利用步长。

科技兔：我想想，想要求出 a 到 b 之间所有符合条件的数，那么第一步肯定需要循环 a 到 b，可以用 for 循环来实现：for(int i=a;i<=b;i++)。

科技兔：题目的要求是输出所有 a 的倍数，我可以将 for 循环的步长设置为 a，这样 for 循环中的每个 i 的值就都是 a 的倍数。

布尔教授：思路非常清晰，将最终的代码写出才是最后的胜利。

```
01 #include <iostream>
02 using namespace std;
03 int main()
04 {
05     int a, b;
06     cin >> a >> b;
07     for (int i = a; i <= b; i = i + a)
08     {
09         cout << i << " ";
10     }
11     return 0;
12 }
```

4.5 循环输入

●**布尔教授**：到目前为止，我们没有将循环结构和 cin >> 输入指令结合起来。那么考考大家，如果现在我想一次性输入 n 个数字，每输入 1 个数字就立马输出，思路是怎样的呢？

●**科技兔**：读入 n 个数据，申请 n 个变量就可以了。

●**哈希鼠**：可是 n 的值不确定，我们怎么知道到底要申请多少个变量？

●**布尔教授**：这就是问题的关键所在，其实利用 for 循环，申请 1 个整型变量就可以了。

●**科技兔**：但一个小房子怎么存很多个数字呢？

●**布尔教授**：之前我们学习变量赋值时，后来的值会覆盖之前的值，现在要求读入之后立即输出，这意味着只要输出完毕，它的使命就完成了，那么小房子里面的数值就可以被清理，接下来就可以输入下一个数字，继续输出。这就像旅店里前一个客人住完之后，打扫完毕下一个客人就可以住进来。

互动课件　循环输入

读入一个数n，依次读入n个数字并按顺序输出这n个数。

a　　a

1. 定义变量n，a
2. 输入变量n
3. 循环n次读入n个数
4. 每次输入的数据存储在变量a中
5. 输出变量a

●**科技兔**：我懂了，首先需要定义变量 n 和 a，接下来，循环 1~n 代表循环 n 次，之后在循环里面依次读入变量 a，输出变量 a 即可。

●**布尔教授**：对，就是这样，依据你的思考写出代码吧！写完之后对照下面的代码检测一下。

```
01 #include <iostream>
02 using namespace std;
03 int main()
04 {
05     int n, a;
```

```
06    cin >> n;
07    for (int i = 1; i <= n; i++)
08    {
09        cin >> a;
10        cout << a << " ";
11    }
12    return 0;
13 }
```

4.6　竞技场的较量

●布尔教授：每一部分结束，都有专门的竞技场来检测大家对新技能的
应用能力，接下来就靠你们自己喽！

▦ 练习关卡 1

关卡任务
拾取两处数据芯片，将数
据逆序输出。

●科技兔：分别拾取 2 处数据芯片，将数据逆序输入终端电脑。注意：
如果数据分别是 3 和 4，则依次在终端电脑输入 4 和 3。

●哈希鼠：简单来说，就是读入 2 个数据，将它们倒序输出。

●科技兔：定义两个变量 a 和 b，先读入 a，前进 2 步读入 b，继续前进
2 步右转来到密码门前，输出 b，前进 2 步来到第 2 个密码门前，输出 a 就
通关了。

☑ 练习关卡 1 完美通关代码：

```
01 #include <iostream>
```

```
02 using namespace std;
03 int main()
04 {
05     int a, b;
06     cin >> a;
07     forward(2);
08     cin >> b;
09     forward(2);
10     right();
11     cout << b;
12     forward(2);
13     cout << a;
14     return 0;
15 }
```

练习关卡 2

关卡任务

拾取数据芯片，将该数据加上人物前进的步数，输出到终端电脑。

💬哈希鼠：这一关卡需要读入一个数据，前进 5 步，每前进一步，值加 1，最后说出密码，通关。

💬科技兔：每前进 1 步自增 1，这就是在考查自增运算。首先读入一个数据，定义变量并输入。接着，循环 5 次，每次前进 1 步，并将 a 的值增加 1。

☑ **练习关卡 2 完美通关代码：**

```
01 #include <iostream>
02 using namespace std;
03 int main()
04 {
```

```
05        int a;
06        cin >> a;
07        for (int i = 1; i <= 5; i++)
08        {
09            forward(1);
10            a = a + 1;
11        }
12        cout << a;
13        return 0;
14    }
```

🐭哈希鼠：这一关也可以不使用 for 循环，可以在读入变量 a 之后，直接前进 5 步，最后将 a 自增 5，最终输出 a 的值。

🐭布尔教授：大家可以参照哈希鼠的思路尝试一下哦！

📖 练习关卡 3

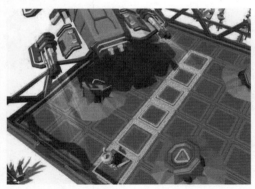

关卡任务
从起点前进到终点，同时每前进 1 步说出当前的步数。

🐰科技兔：从起点前进到终点，同时每前进 1 步，说出当前的步数：如果是第 1 步说出 1，如果是第 2 步说出 2，以此类推。注意：人物每前进 1 步，步数增加 1。

🐭哈希鼠：就是循环输出 1~5 吧。

🐰科技兔：题意分析小能手，给你点个赞！每次前进 1 步，输出变量 i，循环 5 次就可以了。

☑ 练习关卡 3 完美通关代码：

```
01 #include <iostream>
02 using namespace std;
03 int main()
```

```
04 {
05      for (int i = 1; i <= 5; i++)
06      {
07          forward(1);
08          cout << i;
09      }
10      return 0;
11 }
```

4.7 拓展：计算机的发展史

互动课件 涨知识：计算机的发展史

电子管计算机　　晶体管计算机　　小规模集成电
路计算机　　超大规模集成
电路计算机

目前，计算机的发展经历了 4 个阶段：

第一代是电子管计算机。电子管计算机是采用电子管作为基本电子元器件的计算机，也是第一代计算机。它们的体积非常大，耗电量大，效率低。

第二代是晶体管计算机。晶体管计算机是 20 世纪 50 年代末到 60 年代的计算机。此类计算机使用了晶体管等半导体器件，采用高级语言编程，并开始出现操作系统。此类计算机比电子管计算机重量更轻，运算速度更快。

第三代是中小规模集成电路计算机。中小规模集成电路计算机始于 1964 年至 1971 年，此类计算机的机种多样化、系列化，外部设备不断增加、功能不断扩大，已经可以开始处理图像、文字等资料。

第四代计算机是从 1970 年以后采用大规模集成电路和超大规模集成电路为主要电子器件制成的计算机。大规模集成电路（LSI）可以在一个芯片上容纳几百个元件，后来的超大规模集成电路（ULSI）将此数量扩充到百万级。正因如此，此类计算机的体积更小，重量更轻，运算速度也更快。

第 5 课　勇闯迷阵

5.1　开场

同学们好！欢迎来到科技兔编程第五课"勇闯迷阵"。

在上节课中，我们和科技兔学会了技能 for 循环，我们也看到 for 循环的实际运用。大家还记得吗？我们还利用 for 循环技能成功地救出被暗影军团包围的哈希鼠！

for 循环是一种循环结构，当代码出现多次重复的时候，就是使用 for 循环的时机。

同学们还记得 for 循环条件包含哪三个部分吗？这三个部分是：循环变量起始值、结束值以及步长值。

今天，我们将继续学习编程中的基础知识，并获得一个新的技能——if 选择语句。

if 选择语句可以帮助我们编写更加智能化的程序，让我们的程序在不同的情况下作出不同的决策。

科技兔即将掌握这个新技能，粉碎暗影军团的阴谋！让我们同科技兔一起来学习吧。

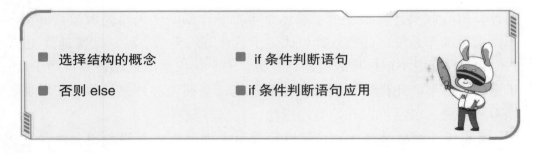

- 选择结构的概念
- if 条件判断语句
- 否则 else
- if 条件判断语句应用

5.2　生活中的选择结构

科技兔与哈希鼠成功会合后，虽然躲过了暗影军团，但科技兔却遇到新的难题：面前出现两条路，该走哪一边呢？科技兔陷入了两难的选择……

关卡任务

根据电脑数据，走到正确终点。

🔵**科技兔**：前面出现两条路，向左还是向右？

🔵**哈希鼠**：糟糕！敌人启动了基地防御系统，出口的道路被设置了陷阱。

🔵**布尔教授**：两个出口只有一个是真的，判断真假的密码就在前面的电脑里，你们需要使用 if 选择语句进行判断。如果密码是正数，则左边的出口是真的，如果密码是负数，则右边的出口是真的。

🔵**科技兔**：什么是 if 选择语句？

🔵**布尔教授**：在编程中，我们常常需要根据特定条件来决定程序的执行流程。if 选择语句就像我们在生活中作决策一样，根据某些条件的真假来作出不同的选择。

🔵**科技兔**：还是有点难理解，您可以举个例子吗？

🔵**布尔教授**：就像我们在生活中会根据今天下不下雨来决定出门要不要带伞，或者根据今天温度的高低来判断是否需要加衣服。同样地，if 选择语句在程序中也是一种重要的决策结构，它能够让程序根据不同的条件执行不同的代码块，使程序更加灵活和智能化。在生活中也是如此，需要根据各种情况进行判断并作出正确的选择。

🔵**布尔教授**：因此，if 选择语句是编程中必不可少的一种语句，对于想成为合格源码守护者的你们，理解和掌握 if 选择语句是非常重要的。

互动课件 生活中也遍布选择结构

今天会不会下雨呢？

今天气温高不高？

天气判断

气温判断

5.3 计算机中的选择结构

科技兔：我在电脑中应该怎样使用 if 选择语句呢？

布尔教授：if 选择语句就是一个判断语句，它可以让程序根据条件的真假执行不同的代码块。这个条件可以是任何一个布尔表达式，例如"1 > 2"，"a > 0"等。

if 选择语句通常的形式是这样的：

```
01 if (a > 0)
02     {
03         //如果 a > 0 的条件为真，执行这里的代码，输出 a。
04         cout << a;
05     }
```

if 选择语句的代码书写的步骤是先写关键字 if，并在 if 后面的括号内写判断条件，最后写大括号内执行的内容。大括号里的内容必须是判断条件成立时才执行的内容。

科技兔：我知道了。如果 a > 0，就输出 a。

布尔教授：没错！除此之外，if 选择语句还可以与其他控制语句结合使用，例如循环语句、函数等，使程序更加灵活和高效。

布尔教授：赶快使用刚刚学会的 if 选择语句来逃出迷宫吧。

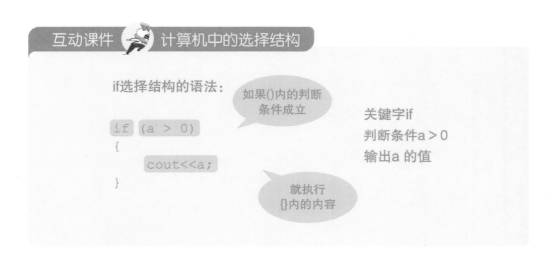

互动课件　计算机中的选择结构

if选择结构的语法：

```
if (a > 0)
{
    cout<<a;
}
```

如果()内的判断条件成立

就执行{}内的内容

关键字if
判断条件a > 0
输出a 的值

5.4　帮帮科技兔

关卡 1–13

关卡任务
使用选择结构，正数就走左边，负数就走右边。

☑ 关卡 1–13 完美通关代码：

```
01 #include <iostream>
02 using namespace std;
03 int main()
04 {
05     int a;
06     cin >> a;
07     if (a > 0)
08     {
```

```
09        left();
10        forward(3);
11     }
12     if (a < 0)
13     {
14        right();
15        forward(3);
16     }
17     return 0;
18 }
```

关卡 1-14

关卡任务

使用选择结构，输出芯片数据的绝对值。

科技兔：和 if 判断语句相比，还是打怪轻松点。

哈希鼠：当心！出口的密码门上也有陷阱。

科技兔：什么？！

哈希鼠：如果芯片上的数是正数，则密码是它本身；否则，密码是它的相反数。

关卡 1-14 完美通关代码：

```
01 #include <iostream>
02 using namespace std;
03 int main()
04 {
05     int a;
```

```
06      attack();
07      cin >> a;
08      forward(3);
09      if (a > 0)
10      {
11          cout << a;
12      }
13      if (a < 0)
14      {
15          cout << -a;
16      }
17      return 0;
18  }
```

图 关卡 1-15

关卡任务

使用选择结构，偶数就走左边，奇数就走右边。

●哈希鼠：这个数据芯片的加密方式非常奇怪，偶数向左，奇数向右，怎么用 if 选择语句判断奇偶数呢？

●布尔教授：在编程语言中，%是模运算符号，a%2 表示计算 a 除以 2 的余数。

●科技兔：我知道了，如果 a%2==0，就往左走；否则，往右走。

☑ 关卡 1-15 完美通关代码：

```
01 #include <iostream>
02 using namespace std;
03 int main()
```

```
04  {
05      int a;
06      attack();
07      cin >> a;
08      forward(1);
09      if (a % 2 == 0)
10      {
11          left();
12          forward(1);
13          right();
14      }
15      if (a % 2 != 0)
16      {
17          right();
18          forward(1);
19          left();
20      }
21      forward(2);
22      return 0;
23  }
```

▦ 关卡 1–16

关卡任务
使用选择结构，计算两台
计算机数据中的最大值。

🔵科技兔：前面就是出口，胜利就在前方。

🔵哈希鼠："只有强者才能通过这里"，这又是什么哑谜？

🔵布尔教授：看，这两台电脑中存储着不同的数据，密码是两个数中更大的数。

　　科技兔：我知道了，使用 if 选择语句，小菜一碟！

☑ 关卡 1-16 完美通关代码：

```
01 #include <iostream>
02 using namespace std;
03 int main()
04 {
05     int a, b;
06     forward(2);
07     cin >> a;
08     right();
09     forward(2);
10     cin >> b;
11     left();
12     forward(2);
13     if (a > b)
14     {
15         cout << a;
16     }
17     if (a <= b)
18     {
19         cout << b;
20     }
21     return 0;
22 }
```

5.5 if-else 双分支结构

　　布尔教授：我们发现每一关的代码都需要写两次判断条件，对于只有两种情况的判断，能不能只写一次判断条件呢？当然可以，只需要使用秘密武器——if-else。

　　科技兔：if-else，这是什么？不会更难吧？

　　布尔教授：当然不会，使用 if-else 不仅会更强大，而且会更简单。

　　哈希鼠：更强大、更简单？！

科技兔：更强大、更简单！我已经迫不及待了。

布尔教授：else 是一个关键字，可以在编程中使用。它通常与 if 语句一起使用，用于指定在 if 条件不满足时要执行的代码块。

科技兔：我写两次 if 不也是一样的效果？

布尔教授：只使用 if，与使用 if-else 存在一定的区别：对于只有两次判断的语句，使用 if 需要书写两次判断条件，但当使用 if-else 的时候，只需要书写一次判断条件就可以进行两次判断。

科技兔：有点难理解，布尔教授，您可以解释一下吗？

布尔教授：好的，比如上面的例子，如果只使用 if，那么需要先写 if(a > 0)，如果 a > 0 成立，就输出 a；然后再写 if(a <= 0)，如果 a <= 0 成立，就输出 -a。

科技兔：那么使用 if-else 呢？

布尔教授：如果使用 if-else，需要先写 if(a > 0)，如果 a > 0 成立，就输出 a；然后再写 else，就输出 -a。

科技兔：我明白了，如果只使用 if，就需要写两次判断条件；如果使用 if-else，就只用写一次判断条件。

布尔教授：没错，我出一道题来检查你对 if-else 的掌握程度：将以下的代码使用 if-else 改写。

```
01 #include <iostream>
02 using namespace std;
03 int main()
```

```
04 {
05     int a;
06     cin >> a;
07     if (a > 0)
08     {
09         cout << "yes";
10     }
11     if (a <= 0)
12     {
13         cout << "no";
14     }
15     return 0;
16 }
```

●科技兔：我来试试。

```
01 #include <iostream>
02 using namespace std;
03 int main()
04 {
05     int a;
06     cin >> a;
07     if (a > 0)
08     {
09         cout << "yes";
10     }
11     else
12     {
13         cout << "no";
14     }
15     return 0;
16 }
```

●布尔教授：没想到你这么快就掌握了，看来你距离成为合格的源码守护者又近了一步！不过，要注意 else 不能单独使用，必须与 if 配套出现；else 后面没有括号，不能写判断条件。

●科技兔：这么重要的事情，为什么不早说？

🔴**布尔教授**：本来是想让你们从错误中总结经验，没想到你们居然没有出错，失算了。

🔵**科技兔**：不愧是我！

🔵**哈希鼠**：不愧是我！

5.6　比较运算符

🔴**布尔教授**：现在我们来学习比较运算符吧。学会了比较运算符，能够帮助你们更好地掌握 if-else 的力量。

🔵**科技兔**：比较运算符？听起来很高级。

🔴**布尔教授**：比较运算符是使用 if-else 最重要的技巧之一，常用的比较运算符包括：等于（==）、不等于（!=）、大于（>）、小于（<）、大于等于（>=）和小于等于（<=）。

🔵**科技兔**：等等，等于符号不应该是"="吗？

🔴**布尔教授**："=="和"="都是编程中的符号，但它们的作用是不同的。"=="是比较运算符，用于比较两个值是否相等，而"="是赋值运算符，用于给一个变量赋值。

🔵**科技兔**：我明白了，也就是说……

符　号	名　称	说　明
==	等于	判断两个值是否相等
!=	不等于	判断两个值是否不相等
>	大于	判断左侧的值是否大于右侧的值
<	小于	判断左侧的值是否小于右侧的值
>=	大于等于	判断左侧的值是否大于等于右侧的值
<=	小于等于	判断左侧的值是否小于等于右侧的值

🔵**哈希鼠**：也就是说"=="表示等于，"="表示赋值。

🔵**科技兔**：不要抢我的话呀。

🔴**布尔教授**：不用争了，我问你们，如果想要判断一个数 a 是不是偶数，应该怎么写判断条件呢？

● 科技兔：让我思考一下……

● 哈希鼠：使用"%"符号，如果 a%2 == 0 成立，就是偶数，括号内判断条件应该写 a%2 == 0。

● 布尔教授：这个判断是正确的。当 a 除以 2 的余数为 0 时，a 满足偶数的定义，因为偶数是能被 2 整除的整数。

● 布尔教授：在编程中，"%"运算符通常用于判断一个数是奇数还是偶数，或者判断一个数能否被另一个数整除。例如，当一个数除以 2 的余数为 0 时，它是偶数；否则，它是奇数。

互动课件 if-else小练习

判断a是不是偶数
需要用到 % 符号，% 读作取余，意思是取两个数的余数（如：7除以2等于3余1，即：7%2 =1）。

a % 2 == 0 输出yes
a % 2 != 0 输出no

```
if (a%2 == 0)
{
    cout << "yes";
}
else
{
    cout << "no";
}
```

● 科技兔：哈希鼠又被抢先一步。不过，我已经将具体代码写出来了。嘿嘿！

```
01 #include <iostream>
02 using namespace std;
03 int main()
04 {
05     int a;
06     cin >> a;
07     if (a % 2 == 0)
08     {
09         cout << "偶数";
10     }
11     else
12     {
13         cout << "奇数";
14     }
15     return 0;
16 }
```

●**布尔教授**：不错，看来你们已经熟练掌握 if-else 和比较运算符的应用。

●**科技兔**：那是当然！

5.7 逻辑运算符

●**布尔教授**：那么，还有一件事，如果需要 a 既是正数又是偶数，有办法通过一次判断确定吗？

●**科技兔**：只写一个判断条件吗？似乎有点困难。

●**哈希鼠**：我也不知道。

●**布尔教授**：这时只需要使用一个小技巧——&&。

●**科技兔**：又是新的运算符吗？

●**布尔教授**：没错，&&是一种逻辑运算符，是计算机编程中的逻辑与符号，用于同时满足两个条件。比如吃苹果时，只有红色且没有坏掉才能吃，用&&将两个条件连接起来（红色 && 没有坏掉）。

互动课件　逻辑运算符&&

请问该选哪一个呢？

红色&&没有坏　　　　红色&&坏了　　　　青色&&没有坏

●**布尔教授**：如果想要让 a 同时满足既是正数又是偶数的条件，只要在判断条件中输入 a > 0 && a%2 == 0，就能实现 a 既是正数又是偶数的判断。

```
01 #include <iostream>
02 using namespace std;
03 int main()
04 {
05     int a;
```

```
06      cin >> a;
07      if (a > 0 && a % 2 == 0)
08      {
09          cout << "a 既是正数又是偶数";
10      }
11      else
12      {
13          cout << "a 不符合条件";
14      }
15      return 0;
16  }
```

🐰 科技兔：&&是逻辑运算符，表示同时满足两个条件。这也太神奇了！

🐭 布尔教授：逻辑运算符通常用于条件语句和循环语句中，帮助程序根据不同的逻辑关系来控制程序流程。例如，我们可以使用逻辑运算符来判断一个数字是否在一个范围内。

🐭 哈希鼠：今天我学到了很多，感觉选拔第一非我莫属！

🐭 布尔教授：好了，我们需要总结今天学习的内容，为接下来的战斗做好充足的准备！

🐭 布尔教授：你……我……小心……

🐰 科技兔：怎么这么卡？总部的宽带欠费了吗？

🐺 头狼：小子们，我已经切断了你们和总部的通信。没有教授的帮助，你们就算逃出秘密基地，也休想逃出黑影军团的掌心！

5.8 课堂总结

能够实现选择的代码指令是什么？

能够实现选择结构的代码指令是 if，选择结构是编程过程中最常用的结构之一，常见的编程结构包括顺序结构、选择结构和循环结构。

当什么时候可以输出 if 大括号中的内容？

在使用 if 选择语句的时候，当小括号内的判断条件为真，执行大括号中的内容，即如果小括号内的判断条件成立，就输出 if 大括号中的内容。

当什么时候可以输出 else 中的内容？

在使用 if-else 的时候，当 if 后小括号内的判断条件为假，执行 else

中的内容，即如果小括号内的判断条件不成立，就输出 else 中的内容。

%和&&分别表示什么意思？

%运算符表示"取余"，用于计算两个数的余数，在编程中%运算符通常用于判断一个数是奇数还是偶数，或者判断一个数能否被另一个数整除。&&表示"与"，可以实现多个条件同时成立。

5.9 随堂练习

1. 根据条件，选择执行代码的结构叫作（　　）？

    A. 循环结构　　　　　　　　　　B. 选择结构

    C. 顺序结构　　　　　　　　　　D. 以上说法都正确

2. 条件判断的逻辑中文描述是（　　）？

    A. 如果……就……　　　　　　　B. 首先……然……

    C. 否则……就……　　　　　　　D. 重复……次，每次……

3. C++语言中表示"否则"的代码是（　　）？

    A. For　　　　　　B. &&　　　　　　C. if　　　　　　D. else

4. 关于 else 的使用注意事项，错误的是（　　）。

    A. else 与 if 必须配套使用

    B. else 是否则的意思

    C. else 后面应该写判断条件

    D. if 后判断条件不成立时，执行 else 后续的代码

5. 判断 a 是否为 3 的倍数，正确的代码是（　　）？

    A. if(a%3 = 0) cout << "yes";

    B. if(a%3 == 0): cout << "yes";

    C. if(a%3 == 0); cout << "yes";

    D. if(a%3 == 0) cout << "yes";

5.10　课后作业

1．数字判断（4218）。

2．多重条件选择（4219）。

3．整除运算（4220）。

4．满减打折（1147）。

5．判断是否为两位数（2014）。

第6课　行星矿场

大家好，欢迎来到科技兔的编程课堂！

上节课，我们学习了 if 条件判断语句，其形成的选择结构非常厉害，可应对多种情况。因此科技兔也成功地避开层层陷阱，在道路复杂的地下秘密基地里寻找到正确的前进路线，顺利逃离了秘密基地。

但在最后的关卡，头狼切断了他与总部的通信，科技兔失去了布尔教授的指导，走投无路，无奈落入了废弃的采矿场。在这里我们会学习到哪些新的知识？而科技兔又将如何迎接挑战呢？

- 嵌套结构的概念　　■ 嵌套结构的组成：外层结构和内层结构
- 外层结构：for 循环；内层结构：if 条件判断　■ 嵌套结构的应用

6.2　回顾

🔵哈希鼠：通信被切断了，布尔教授不在，前方陌生又危险，很多问题需要靠自己克服。你还记得自己掌握了哪些技能吗？

🔵科技兔：这难不倒我，我的脑袋就是弹药库，里面的知识会帮助我扫除一切障碍。

🔵哈希鼠：是吗？你这么自信，那么程序的基本程序结构有三种，你还记得分别是哪三种吗？

互动课件　温故知新——想一想

顺序结构　　循环结构　　选择结构

科技兔：我想想，最初我们学习了从上到下依次执行每一条代码的顺序结构；后来为了高效解决问题，又学习了可使部分代码重复执行的循环结构；最后，是选择结构，可以通过 if 条件判断语句选择决定执行一部分的代码。

哈希鼠：厉害！给你点个赞。

科技兔：主要是在地下基地的时候，选择结构帮了我好大的忙，没有它，我早就掉入陷阱了，"四舍五入"，它算是我的救命恩人了，感谢选择结构！

哈希鼠：基本程序结构的确很厉害，但是数据世界千变万化，单一的基本程序结构并不能解决所有问题，前路未卜，你还需要进一步掌握它们，让 3 种基本结构融会贯通，组合到一起。

科技兔：组合到一起？

哈希鼠：待会你就知道了。

科技兔：别卖关子啊。

哈希鼠：就是嵌套结构。小心，前方危险！

6.3　废弃矿场

关卡 2-1

关卡任务

小心前方的塌陷地面，使用 build();代码进行修复。

科技兔：我们被困在这里了？强敌环伺，孤立无援，而且……

科技兔：谁这么没素质，在路中间挖了个坑？

哈希鼠：这里是数据星球的废弃采矿场，地质结构很脆弱。那些看上去不太稳定的地面，随时有可能塌陷。

科技兔：该怎么办？

●哈希鼠：给你新技能！在不稳定地面前使用 if(isbroken()) 进行判断，如果地面塌陷，就使用 build() 命令修复它。

●科技兔：生活不易，怎么还要干泥瓦匠工作？

●哈希鼠：小心，踩到不稳定的路面时，若地面产生塌陷，你会受伤的。一定要在通过不稳定的路面之前完成判断和修复。

●科技兔：这里太荒凉了，没有一个人影，连走回头路的机会都没有。

●哈希鼠：拿出你的勇气与实力，知识就是你的臂膀。加油，我从精神上支持你，但是体力活还得靠你自己。

●科技兔：看我的，修路兔启动，现在出发。前进 1 步，然后使用 if(isbroken()) 判断路面是否损坏，如果损坏，使用 build() 命令修复，最后往前 3 步通过这里。

☑ 关卡 2-1 完美通关代码：

```
01 #include <iostream>
02 using namespace std;
03 int main()
04 {
05     forward(1);
06     if (isbroken())
07     {
08         build();
09     }
10     forward(3);
11     return 0;
12 }
```

▦ 关卡 2-2

关卡任务
移动到通关点，注意观察路径重复规律。

●科技兔：总算过来了，这里看上去荒废已久，成堆的垃圾把路堵住了。

●哈希鼠：看，前面橙色的光圈是一个短距离传送装置，可以把我们传送到垃圾山对面的位置。观察面前这段道路的规律，尝试用最短的代码安全抵达终点。

●科技兔：这样就不用我自己翻过垃圾山，快让我试试这个传送装置。

●科技兔：先前进 1 步，然后使用 if(isbroken()) 判断路面是否损坏，如果损坏，使用 build() 修复，再往前 3 步。进入传送装置了……（传送中）到对面了，现在和刚才的前进方向都一样啊！我看看，接着往前 1 步，然后再度使用 if(isbroken()) 判断路面是否损坏，如果损坏，使用 build() 修复，然后前进 3 步，搞定，小菜一碟！

●哈希鼠：目的地到了，但是并没有达成完美通关。注意观察面前这段道路的规律。

●科技兔：代码太长了？让我观察一下。

●哈希鼠：你对比一下被传送之前的步骤和传送之后的步骤。

●科技兔：我知道了。在进入传送装置前，我的步骤是：前进 1 步，然后使用 if(isbroken()) 判断路面是否损坏，如果损坏，使用 build() 修复，再前进 3 步，穿过传送阵后的步骤是：前进 1 步，然后使用 if(isbroken()) 判断路面是否损坏，如果损坏，使用 build() 修复，再前进 3 步，这两段是一模一样的。

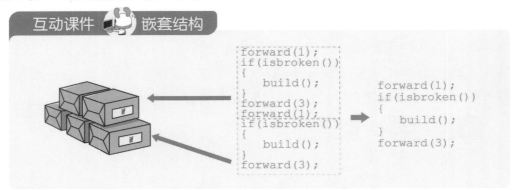

●哈希鼠：所以，最佳答案是……

●科技兔：把重复的部分放进一个重复 2 次的循环里。完美通关应该是：写出一个 2 次 for 循环结构，在每次循环中填入"前进 1 步，然后使用

if(isbroken())判断路面是否损坏，如果损坏使用 build()修复，再前进 3 步"。

　🐭哈希鼠：恭喜，完美通关！

☑ 关卡 2-2 完美通关代码：

```
01 #include <iostream>
02 using namespace std;
03 int main()
04 {
05     for (int i = 1; i <= 2; i++)
06     {
07         forward(1);
08         if (isbroken())
09         {
10             build();
11         }
12         forward(3);
13     }
14     return 0;
15 }
```

6.4　嵌套结构

　🐰科技兔：这个结构看起来有点复杂。

　🐭哈希鼠：这是嵌套结构。提炼出重复的部分代码，把重复的代码放进循环里，因为这段重复的代码里面包含 if 条件判断，所以使 for 循环的代码里面有 if 条件判断语句的代码，形成了嵌套结构。

互动课件　嵌套结构

```
for(int i=1;i<=2;i++)
{
    forward(1);
    if(isbroken())
    {
        build();
    }
    forward(3);
}
```

科技兔：原来是循环结构和选择结构的组合，代码长度虽然变短了，但是思路难了很多，不太想用。

哈希鼠：那你想想，目前你只用判断两块不稳定的路面，但是如果不稳定的地面增加到 3 个、10 个、100 个呢？你还愿意把这一句一句的 if 条件判断的代码都写出来吗？

科技兔：若写出 100 句 if 条件判断代码，兔爪会秃掉的。看来这个新技能还是很有必要掌握的。

哈希鼠：知识才是最重要的，不要再心疼你的兔毛了。

科技兔：毛毛也是很重要的！

哈希鼠：好吧！那么，为了更好地前进和保护你的兔毛，我们还是要牢牢掌握这一新技能——嵌套结构。

哈希鼠：与 for 循环和 if 选择语句等基本结构不同，嵌套结构并不局限于一两句特定的代码，而是一种代码组合，将一段代码写在另一段代码里面，形成的复合结构称为嵌套结构。

科技兔：这个概念听起来好复杂。

哈希鼠：那让我们根据实例来看看。刚刚完成的代码，你能看到 for 循环结构吗？

科技兔：在这里，从 "for(int i=1;i<=2;i++){" 开始，到 "}" 结束。

哈希鼠：你看看 for 循环的这一对大括号里面有什么？

科技兔：forward(1),if(isbroken())……这里有一个选择结构，用来判断路面情况的，如果路面损坏，需要用 build() 修复。

哈希鼠：这个 if 选择结构在 for 循环的循环体中，所以，for 循环被称为嵌套结构的外层结构，if 选择结构叫作嵌套结构的内层结构。这种结构被称为 for 循环和 if 选择结构的嵌套，它可以让程序在每次循环中进行条件判断，决定每次操作的执行。

科技兔：我明白了，就是利用 for 循环去执行多次 if 条件判断语句。

6.5 险峻的矿场

关卡 2-3

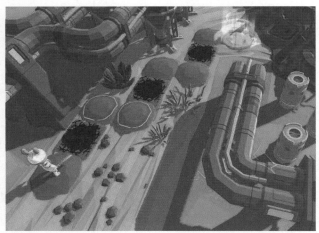

关卡任务
移动到通关点，注意观察路径重复规律。

科技兔：在 for 循环中加入 if 选择语句，这个新技能好神奇。

哈希鼠：嵌套结构是源码守护者必须掌握的技能。

科技兔：我知道了，这段路中也可以找到规律，看我用嵌套结构来解决它。

科技兔：3 条路的路径是重复的，所以写一个 3 次的 for 循环，里面需要用到 if(isbroken()) 去判断路面情况。之后决定是否修复，然后向前走……

关卡 2-3 完美通关代码：

```
01 #include <iostream>
02 using namespace std;
03 int main()
04 {
05     for (int i = 1; i <= 3; i++)
06     {
07         if (isbroken())
08         {
09             build();
10         }
11         forward(2);
```

```
12          right();
13          forward(1);
14          left();
15      }
16      return 0;
17 }
```

🐺**头狼**：快点追，他们肯定逃进了这片矿场。

🐺**二哈**：掉进坑里……

🐺**头狼**：都没长眼睛吗！压死我了，哎哟……

6.6 5 的倍数

🐭**哈希鼠**：你已经初步适应了复杂的矿场情况。从现在开始，我们就学会了这个非常有用的嵌套结构。外层结构是 for 循环，内层是 if 选择语句。趁热打铁，我们来巩固一下吧。

🐰**科技兔**：又要做题吗？布尔教授失联了，题目从哪里来？

🐭**哈希鼠**：我的脑子里有很多练习题哦。比如，求 1~100 中 5 的倍数有哪些。

> **互动课件** 🐰 **5的倍数**
>
> 1.输出1~100中所有是5的倍数的数。
> 输出：
> 5 10 15 20 25 30 35 40 45 50 55
> 60 65 70 75 80 85 90 95 100

🐰**科技兔**：这个简单，做过类似的，之前求的是 3 的倍数，难不倒我的，只要稍微改动数值就可以了。将 for 循环的起始值调整为 5，结束值 100，步长值 5，输出循环中的数。

> **互动课件** 🐰 **5的倍数**
>
> 1.输出1~100中所有是5的倍数的数。
> 输出：
> 5 10 15 20 25 30 35 40 45 50 55
> 60 65 70 75 80 85 90 95 100
>
> ```
> for(int i=5;i<=100;i=i+5)
> {
>     cout << i << " ";
> }
> ```

哈希鼠：不对哦。这一题是要求使用嵌套结构去完成的。

科技兔：你怎么不早说？

哈希鼠：是你太着急了，没听我把话说完。

科技兔：好吧。

哈希鼠：你这样的习惯不好哦，仔细审题是一个合格的源码守护者必备技能，毕竟参赛者这么多，题目里面挖坑的有好多，做题时还是要多分配一点时间给读题和审题的。

科技兔：明白，知己知彼，方能百战不殆！

哈希鼠：孺子可教也。

科技兔：嘿嘿！你跟我讲这么多，作为前辈你不是也踩过坑？

哈希鼠：别说了，可以吸取的教训太多了，你快去做题吧。

科技兔：好的，我现在就去，嘻嘻……

哈希鼠：不准笑，你等着，后面看你踩坑了，我一定会一边笑你，一边找小本子记下来。

科技兔：我不笑了。我知道这题怎么做了，首先写出 1~100 的循环，然后在循环里用 if 条件判断语句判断是否为 5 的倍数，最后输出满足条件的数就可以了。

互动课件　5的倍数

1.输出1~100中所有是5的倍数的数。

输出：
5 10 15 20 25 30 35 40 45 50 55
60 65 70 75 80 85 90 95 100

1.1~100进行循环
2.循环内判断i是否为5的倍数
3.符合条件的i输出

哈希鼠：OK！看来你已经完全明白了，快去 C++编译器里，练习一下这题的代码。

```
01 #include <iostream>
02 using namespace std;
```

```
03  int main()
04  {
05      for (int i = 1; i <= 100; i++)
06      {
07          if (i % 5 == 0)
08          {
09              cout << i << " ";
10          }
11      }
12      return 0;
13  }
```

6.7　五个数中3的倍数

🐭哈希鼠：让我看看，完美，值得表扬。不过还要注意区分嵌套结构的内外层结构，for循环是外层结构，if条件判断是内层结构，千万不要把代码写错了地方，不然功亏一篑。刚才的题目只是练手，接下来才是正式题。

🐭哈希鼠：输入五个数，输出这五个数中是3的倍数的数，例如输入13、24、6、19、20，结果应该输出24、6。来吧，让我看看你有多厉害。

互动课件　五个数中3的倍数

2.输入五个数，输出五个数中所有是3的倍数的数。

输入：13 24 6 19 20
输出：24 6

输入：7 9 6 23 5
输出：9 6

🐰科技兔：小意思，仔细看，这不还是判断倍数吗？这一题与上一题的区别，只不过是把5的倍数换成了3的倍数，1~100的循环换成了5次循环，并需要循环输入而已，增加了一点点难度。这对我来说并不是问题。

🐭哈希鼠：对循环输入，你这么熟练了吗？

🐰科技兔：这有什么难的，在循环结构代码前面，先定义一个变量，然后在 5 次的循环里写入输入变量的代码，就可以完成循环输入。

●哈希鼠：为你鼓掌，希望你不要说得完美，写代码的时候却丢三落四。

●科技兔：才不会，我会很细心的，尽可能一次通过，没有报错，我是不会给你记录我黑历史机会的。

互动课件 五个数中3的倍数

2.输入五个数，输出五个数中所有是3的倍数的数。

输入：13 24 6 19 20
输出：24 6

输入：7 9 6 23 5
输出：9 6

1.5次循环
2.循环内输入5个数
3.循环内判断输入的数是否为3的倍数
4.符合条件的数输出

●哈希鼠：我才不信，你快去 C++编译器里写出来，我要盯着你。

```
01 #include <iostream>
02 using namespace std;
03 int main()
04 {
05     int a;
06     for (int i = 1; i <= 5; i++)
07     {
08         cin >> a;
09         if (a % 3 == 0)
10         {
11             cout << a << " ";
12         }
13     }
14     return 0;
15 }
```

6.8 范围内个位为 7 的数

●科技兔：哈哈，我笑得好大声哦！

●哈希鼠：看看你的代码，格式工整，外层的 for 循环和内层的 if 条件判断区分明显，内外层结构很清晰。不错不错，但是这才第一题，不要开心得太早呀。

●科技兔：我不管，现在不开心，万一后面被难住，不就开心不了了。

●哈希鼠：有道理，所以更难的来了，看招！

●哈希鼠：输入两个数 a、b，求 a~b 之间个位数是 7 的数。

互动课件　范围内个位为7的数

3.输入两个数 a、b，求 a~b 之间个位数是 7 的数有多少个。

输入：5 37
输出：4

输入：8 23
输出：1

●科技兔：这个我知道！对 a、b 两个变量进行输入，然后写出循环结构代码，将 for 循环的起始值调整为 a，结束值 b，步长值 1，就可以完成 a~b 的循环。

●哈希鼠：看来你对循环结构代码掌握得炉火纯青了。

●科技兔：那是当然的，让我看看，完成循环后，按前面题目的经验，要在循环里面写 if 条件判断代码，判断个位数为 7 的数。个位数为 7？

●哈希鼠：这么快被难住了？

●科技兔：不可能，我一定行的。我有印象，求一个数的个位数……是取余！只要让任意一个数对 10 取余，就可以求出这一个数的个位数。好险，差点想不起来。然后把取余的结果用 if 条件判断代码判断一下是否等于 7 就可以了。

●哈希鼠：没想到这么细节的知识点，你也记住了，厉害！这题还有小考点哦。

●科技兔：让我试试写出来，a~b 的 for 循环，取余……

●哈希鼠：题目还没读完呢，怎么不吸取前辈的经验教训呢？题目要看

完啊。这题不是输出符合条件的所有数，而是输出符合条件数据的个数啊。

科技兔：我输入了 5 和 37，怎么和测试数据对不上？不应该是 7、17、27、37 吗？

互动课件　　**范围内个位为7的数**

3.输入两个数a、b，求a~b之间个位数是7的数有多少个。

输入：5 37　　　　　　　1.输入a，b
输出：4　　　　　　　　2.a~b的循环结构
　　　　　　　　　　　　3.循环内判断i的个位是否为7
输入：8 23　　　　　　　4.符合条件的i计数
输出：1　　　　　　　　5.输出计数结果

哈希鼠：终于听见我说话了？你写代码的时候真投入，完成得也快，可惜没有仔细审题。

科技兔：啊？是求个数，不是直接输出，明明前两题都是直接输出的。

哈希鼠：我记在小本子上了哦。题目明明直接点明了求个数，且案例上给的输入 5 和 37，输出数据为 4。就算看题目时没反应过来，看到例子，也应该明白的。

科技兔：我下次一定好好读题，全部看完再动手，不会再给你机会了。

哈希鼠：好呀，我拭目以待。不过，求个数代码还记得怎么写吗？

科技兔：设立一个用以计数的变量，赋初始值为 0，然后在循环里自增就可以了，最后在循环外输出。

哈希鼠：去 C++编译器里把刚才的代码修改一下吧。

```
01 #include <iostream>
02 using namespace std;
03 int main()
04 {
05     int a, b, num = 0;
06     cin >> a >> b;
07     for (int i = a; i <= b; i++)
08     {
```

```
09          if (i % 10 == 7)
10          {
11              num++;
12          }
13      }
14      cout << num;
15      return 0;
16 }
```

6.9 7 的倍数且是奇数

哈希鼠：这下就没问题了，测试通过了。不要泄气嘛，还有最后一题哦。

科技兔：我没有泄气，来吧，科技兔从不畏惧挑战！

哈希鼠：好样的，我相信你，毕竟我还等着你的救援呢。

哈希鼠：输入 n，输出 1~n 之间所有是 7 的倍数且是奇数的数。测试例子：输入 50，输出是 7、21、35、49。

互动课件　7的倍数且是奇数

4.输入n，输出1~n之间所有是7的倍数且是奇数的数。

输入：20
输出：7

输入：50
输出：7 21 35 49

科技兔：1~n 次循环，只需要将 for 循环的结束值改为 n，其他的不用修改。这一题判断条件有点复杂，判断 7 的倍数和判断奇数是一样的，一个取余 7 等于 0，一个取余 2 不等于 0，但是要同时满足……

哈希鼠：加油，仔细想想。

科技兔：我想起来了，是"并且"，两个"&"组成的符号！把这两个条件用"并且"串起来。

4.输入n，输出1~n之间所有是7的倍数且是奇数的数。

输入：20
输出：7

输入：50
输出：7 21 35 49

1.输入n
2.1~n的循环结构
3.循环内判断i是否为7的倍数且是奇数
4.符合条件的i输出

哈希鼠：看得这么仔细，一定没问题的，快去 C++编译器里试试。

```
01 #include <iostream>
02 using namespace std;
03 int main()
04 {
05     int n;
06     cin >> n;
07     for (int i = 1; i <= n; i++)
08     {
09         if (i % 7 == 0 && i % 2 != 0)
10         {
11             cout << i << " ";
12         }
13     }
14     return 0;
15 }
```

科技兔：今天的挑战终于完美通过了，离成为源码守护者更近了一步！

哈希鼠：但是每一步都要稳扎稳打，快总结前面学过的知识，用以复习巩固。

6.10 课堂总结

什么是嵌套结构？

嵌套结构是将一段代码写在另一段代码的里面，形成复合程序结构。

▌ **本节课的嵌套结构由哪两个基础结构组成？**

for 循环和 if 条件判断。

▌ **本节课学习的嵌套结构，其外层结构是什么？**

for 循环。

▌ **本节课学习的嵌套结构，其内层结构是什么？**

if 条件判断。

小朋友们，大家有没有掌握本节课的知识内容呢？接下来，进入随堂测试环节，检验一下大家的学习状况吧。

6.11 随堂练习

1. 嵌套结构指的是（ ）？

    A．把一段代码写在另一段代码后面

    B．把一段代码写在另一段代码里面

    C．把一段代码写在另一段代码前面

    D．两段代码写在同一行

2. 本节课学习了 for 循环和 if 条件判断的嵌套结构，它的运行逻辑是（ ）？

    A．先重复 for 循环，然后执行 if 条件判断

    B．由 if 条件判断的结果，决定是否执行 for 循环

    C．先执行 if 条件判断，然后重复 for 循环

    D．先执行 for 循环，在每次循环中进行 if 条件判断

6.12 课后作业

1．a~b 之间的偶数（1178）。

2．1~n 之间 a 的倍数（1179）。

3．特殊的三位数（1180）。

第7课　修复采矿机

大家好，欢迎来到科技兔的编程课堂！

上节课，我们学习了 for 循环与 if 条件判断组成的嵌套结构，这种复合结构帮助我们快速、有效地判断行星矿场内复杂的路面情况。在科技兔顺利适应行星矿场的情况之后，跟随而来的头狼和他的下属们纷纷落入塌陷的矿坑中。

没有了头狼的追击，科技兔暂时安全了。但科技兔在废弃的矿场发现了新的东西……

- ■ 循环嵌套的概念
- ■ 循环嵌套的组成：内层循环和外层循环
- ■ 循环次数的计算
- ■ 字符矩阵的打印

7.2　回顾

- 科技兔：新的挑战是什么？我迫不及待想要知道。
- 哈希鼠：别急，温故而知新，你先回忆一下之前的嵌套结构。
- 科技兔：你说的是 for 循环与 if 条件判断组成的嵌套结构吗？
- 哈希鼠：对的，在这个基础上，我们今天要学习更复杂的嵌套结构哦。
- 科技兔：等不及了，是什么结构呢？

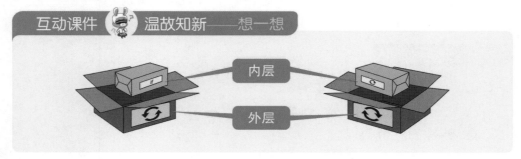

互动课件　温故知新——想一想

内层

外层

哈希鼠：是循环嵌套。之前我们学习了 for 循环与 if 条件判断组成的嵌套结构。但基础结构之间是可以相互嵌套的。

科技兔：我懂了。for 循环里面可以嵌套一个 if 条件判断。那么 for 循环里面也可以嵌套其他结构。循环嵌套，是不是指循环里面再套一个循环？

哈希鼠：答对了。

科技兔：难以想象，循环里面还有一个循环会是什么样子呢？

哈希鼠：待会儿你就知道了，你先看看前面的路。

科技兔：好的，让我仔细判断一下路面，避免掉进矿坑，小心前进！

7.3 能量方块

围 关卡 2-4

关卡任务

使用 push();代码，将能量方块推进前面的卡槽中。

科技兔：我们不能一直被困在这废弃的采矿场呀，得想想办法。

哈希鼠：这座行星矿场曾开采过运转数据星球的源码能量。如果找到那些能源，也许能帮助我们对抗黑影军团的敌人。

科技兔：咦，前面的路堵上了。

哈希鼠：这是一个错位的能量方块，把它推进前面的卡槽里，就能修复这座开采装置。

科技兔：修复完成了，我们是不是可以离开这里了？

哈希鼠：不一定，但我们要努力试一试。

科技兔：的确，努力不一定成功，但试都不试一下，一定会失败的。

哈希鼠：不愧是你！给你新的技巧，push()代码每次能将能量方块向前推1格。

科技兔：刚干完泥瓦匠，现在又要来做搬运工了吗？

哈希鼠：加油！新的推进代码一次只能推动1格哦，如果需要连续推进，可以使用for循环。

科技兔：为了离开这荒凉的矿场，让我试试。

☑ 关卡2-4 完美通关代码：

```
01 #include <iostream>
02 using namespace std;
03 int main()
04 {
05     for(int i=1;i<=4;i++)
06     {
07         push();
08         forward(1);
09     }
10     return 0;
11 }
```

▦ 关卡2-5

关卡任务

将所有能量方块推进对应卡槽。使用嵌套结构来简化代码。

科技兔：小问题，虽然推动能量方块有点累，但我还是成功完成任务。

🐭哈希鼠：看，更多错位的能量方块。

🐰科技兔：这么多！矿场为什么会乱成这样？

🐭哈希鼠：行星矿场在源码战争中被摧毁，让数据星球的发展几近停滞。

🐰科技兔：真是可恶，我一定会成为源码守护者的，让这些坏人都付出代价。

🐭哈希鼠：我相信你！

🐰科技兔：前面三段路的结构是一样的，或许可以使用 for 循环。

🐭哈希鼠：你观察得很正确，但是这三段路中的每一段都需要使用 for 循环去完成。

🐰科技兔：你说得对，每一段路都是需要使用 for 循环去实现的，每走一步都需要推动一下箱子。这该怎么办呢？

🐭哈希鼠：你回想前面的复习内容。

🐰科技兔：我想到了，如果使用嵌套结构，也许只需要使用短短几行代码，就能修复这座开采装置。

互动课件　循环嵌套

```
for(int i=1;i<=3;i++)
{
    push();
    forward(1);
}
right();
        for(int i=1;i<=3;i++)
        {
            push();
            forward(1);
        }
        right();
                for(int i=1;i<=3;i++)
                {
                    push();
                    forward(1);
                }
                right();
```

🐭哈希鼠：所以，现在我们需要把循环放到另一个循环里面。

🐰科技兔：明白，要写两个循环。每一段路我们需要循环三次，每一次都需要推一下，向前走一步。在这个循环的外面，我们再写一个循环，循环三次。

●哈希鼠：没有达成通关，你想想漏了什么？

●科技兔：还有一个右转，我现在就加上，但是放在哪里好呢？

☑ 关卡2-5完美通关代码：

```
01 #include <iostream>
02 using namespace std;
03 int main()
04 {
05     for (int i = 1; i <= 3; i++)
06     {
07         for (int j = 1; j <= 3; j++)
08         {
09             push();
10             forward(1);
11         }
12         right();
13     }
14     return 0;
15 }
```

7.4 循环嵌套

●科技兔：这个右转，我试了好几个地方，看来循环嵌套比我想象的要复杂得多。

●哈希鼠：循环嵌套的确较复杂，但它的基本组成结构和我们之前学习的嵌套结构是没有区别的，同样也是分内外两层结构：一个是内层循环，另一个是外层循环。

●科技兔：这个我可以理解，内层循环就是我们走的每一小段路，循环三次，走三步，推三下。外层循环就是将这个情况重复三遍。

●哈希鼠：就是这样，当事物中重复的部分还有重复部分时，我们就会用到循环嵌套。

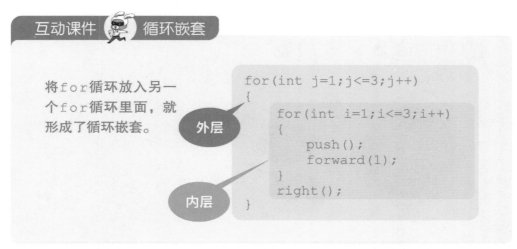

互动课件 循环嵌套

将for循环放入另一个for循环里面，就形成了循环嵌套。

外层

内层

```
for(int j=1;j<=3;j++)
{
    for(int i=1;i<=3;i++)
    {
        push();
        forward(1);
    }
    right();
}
```

科技兔：但是像这个右转，我们应该如何更好地判断它的位置呢？

哈希鼠：首先可以像你刚才一样，把右转这一句放在嵌套结构中不同的位置去试一试。但这个方法比较麻烦且浪费时间。

科技兔：快说说看，简单的判断方式呢？

哈希鼠：那就是看循环次数。

哈希鼠：我们知道 for 循环是有一定的循环次数的，从我们刚刚完成的关卡来看：我们走了三段重复的路，外层循环毫无疑问执行了 3 次。那么内层循环又执行了多少次呢？

科技兔：3 次，不对，让我数数，是 9 次！

哈希鼠：回答正确。我们一共走了 9 个格子，推了 9 次箱子。内层循环从代码上看只有 3 次，但是因为它外面还有一个循环把这个过程重复了 3 次。3 乘以 3，所以它的最终执行次数是 9 次。

科技兔：内层循环本身是要执行 3 次的，但是外面还有一个 3 次的循环，也就是外层循环每执行 1 次，内存循环就要执行 3 次，这样就 9 次了。

哈希鼠：理解得非常正确！这时你在整个路线行进过程中右转有几次呢？

科技兔：右转只有 3 次。

哈希鼠：放在内层循环的循环体里的前进一步和推箱子，都被执行了 9 次，而右转只有 3 次，所以他应该放在只执行了 3 次的外层循环里。

科技兔：我明白了，可以根据一个语句需要被执行的次数去决定它应

该放在内层循环的循环体里，还是外层循环的循环体里。

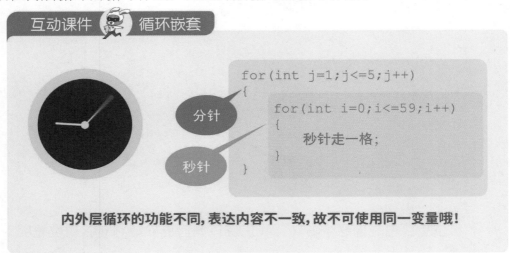

内外层循环的功能不同，表达内容不一致，故不可使用同一变量哦!

🐭哈希鼠：理解得非常正确，我承认你是个天才。

🐰科技兔：哈哈，让我骄傲一会儿！

🐭哈希鼠：其实循环嵌套在生活中也是很常见的。例如时钟，秒针走 1 圈一共是 60 秒，要跨越 60 个刻度。这可以看作一个 0~59 次的循环。而分针每走 1 个刻度，秒针就需要转动 1 圈，分针走 5 个刻度，秒针就需要走 5 圈，也就是将 0~59 次的循环放进了一个 1~5 次的循环里面。

🐰科技兔：我明白了，以此类推，时针每走 1 个刻度，分针也是走 1 圈的。那么时针和分针也组成了一个循环嵌套。

🐭哈希鼠：是的，这里要告诉你一个很重要的知识点，因为内外层循环所负责的功能以及作用都不一样，所以内外层循环的循环变量不可以用同一个变量。

🐰科技兔：一定不可以吗？

🐭哈希鼠：你想想，时钟上的分针、秒针可以是一个针吗？

🐰科技兔：那不行，如果时钟上只有一根针，则无法区分时分秒，也就看不了时间，时钟就失去作用了。

🐭哈希鼠：同理，循环嵌套也是一样哦。

🐰科技兔：循环变量就和时分秒的指针一样，各司其职，不能身兼多职。

🐭哈希鼠：解释得非常正确，让我们看看接下来的挑战。

7.5 修复行星矿场

目 关卡 2-6

关卡任务

我是大天才,不看提示也能写循环嵌套!

科技兔:我知道怎么做了,感觉此刻的我是前无古人后无来者,百年难遇的超级大天才!

哈希鼠:这次我不提示你了,你自己想办法。

科技兔:啊?喂,别走啊。我只是骄傲了一点点而已……

☑ 关卡 2-6 完美通关代码:

```
01 #include <iostream>
02 using namespace std;
03 int main()
04 {
05     for (int i = 1; i <= 2; i++)
06     {
07         forward(1);
08         left();
09         for (int j = 1; j <= 4; j++)
10         {
11             push();
12             forward(1);
13         }
14         left();
15     }
16     return 0;
```

```
17  }
```

🐰科技兔：有惊无险，总算完成了，哈希鼠，你在吗？吱个声。

7.6 正方形

🐭哈希鼠：吱……

🐰科技兔：我顺利通关了，我还是超级大天才吧？

🐰科技兔：你不说话，我当你默认了啊。

🐭哈希鼠：什么默认？我去给你找练习题了，再厉害的天才也要练习。

🐰科技兔：好吧，辛苦了。

🐭哈希鼠：照例先来个简单的，比如打印正方形。

互动课件　正方形

> 1.打印一个由5行5列的 * 组成的正方形。
>
> 输出：＊＊＊＊＊
> 　　　＊＊＊＊＊
> 　　　＊＊＊＊＊
> 　　　＊＊＊＊＊
> 　　　＊＊＊＊＊

🐰科技兔：之前做过打印图形，但是我知道没那么简单，这一次是不是又要求使用循环嵌套完成？

🐭哈希鼠：你猜得完全正确，所以大天才赶紧开始吧。

🐰科技兔：我想想，5 行 5 列。每一行打印 5 个*，一共要打印 5 行。所以外层循环 5 次，内层循环也是 5 次，在内层循环的循环体中输出一个*。

互动课件　正方形

> 1.打印一个由5行5列的 * 组成的正方形。
>
> 输出：＊＊＊＊＊　　　　需要换几次行？
> 　　　＊＊＊＊＊　　　　换行符放在内层还是外层？
> 　　　＊＊＊＊＊　　　　 * 和换行符哪个先输出？
>
> 1.外层1~5进行循环；
> 2.内层1~5进行循环；
> 3.在内层循环内输出 *；
> 4.输出换行符。

哈希鼠：你还漏了一个东西哦。我们要学会观察输出样例，样例中有我们能看得见的东西，还有看不见的东西。

科技兔：看得见的是*，看不见的是……

哈希鼠：换行符。

科技兔：感谢提醒，我现在就去试试。

```
01 #include <iostream>
02 using namespace std;
03 int main()
04 {
05     for (int i = 1; i <= 5; i++)
06     {
07         for (int j = 1; j <= 5; j++)
08         {
09             cout << "*";
10         }
11         cout << endl;
12     }
13     return 0;
14 }
```

7.7 长方形

哈希鼠：嗯，完成得不错。*的输出在内层循环的循环体里，一共输出25 个。换行符在外层循环的循环体里，一共输出 5 个。

哈希鼠：再接再厉，让我们再看看这个，打印一个长方形。

互动课件   长方形

2.打印一个由5行7列的 * 组成的长方形。

输出：*******
      ****
      ****
      ****
      ****

科技兔：这个难不倒我，正方形和长方形差不多。

🐭**哈希鼠**：还是有一点点区别的，打印长方形的时候，行和列不一样，内层循环和外层循环的次数就不再一样了。那么，行是外层循环，还是内层循环？列呢？

🐰**科技兔**：让我观察一下。用内存循环表达行，还是用外层循环来表达行……

🐭**哈希鼠**：不用纠结，我告诉你一个打印矩阵的诀窍：你想想电脑的打印顺序和你的书写顺序是不是一致的呢？

🐰**科技兔**：书写顺序，你是指从左到右，从上到下吗？

🐭**哈希鼠**：是的，电脑的打印顺序就是从左到右，从上到下，所以你在打印矩阵的时候，是一行一行地去打印。这个长方形就是打印 5 行，每一行里面需要循环 7 次去输出 7 个*。

互动课件　长方形

2.打印一个由5行7列的 * 组成的长方形。

输出：　＊＊＊＊＊＊＊
　　　　＊＊＊＊＊＊＊
　　　　＊＊＊＊＊＊＊
　　　　＊＊＊＊＊＊＊
　　　　＊＊＊＊＊＊＊

1.外层1~5进行循环；
2.内层1~7进行循环；
3.在内层循环内输出 *；
4.输出换行符。

🐰**科技兔**：我记住了，先行后列，所以行是用外层循环表达的，列是用内层循环表达的。

```
01 #include <iostream>
02 using namespace std;
03 int main()
04 {
05     for (int i = 1; i <= 5; i++)
06     {
07         for (int j = 1; j <= 7; j++)
08         {
09             cout << "*";
```

```
10          }
11      cout << endl;
12      }
13    return 0;
14 }
```

7.8 打印矩形 1

科技兔：每一题都有新的东西要学习，循环嵌套果然不简单！

哈希鼠：接受挑战吧，新的难题又来了。

科技兔：还有什么难的，尽管放马过来。

哈希鼠：输入一个数 n，打印一个由 n 行 6 列的*组成的矩形。

互动课件　　打印矩形1

3.输入一个数n，打印一个由n行6列的 * 组成的矩形。

输入：4
输出：＊＊＊＊＊＊
　　　＊＊＊＊＊＊
　　　＊＊＊＊＊＊
　　　＊＊＊＊＊＊

科技兔：不就是把固定的行数换成 n 行吗？加一个输入而已，我可以完成。

哈希鼠：看来你的循环嵌套掌握得相当不错。

科技兔：我说了，我可是天才。n 行 6 列，不就是把外层循环的循环次数改成 1~n 次吗？

互动课件　　打印矩形1

3.输入一个数n，打印一个由n行6列的 * 组成的矩形。

输入：4
输出：＊＊＊＊＊＊
　　　＊＊＊＊＊＊
　　　＊＊＊＊＊＊

1.输入n；
2.外层1~n进行循环；
3.内层1~6进行循环；
4.在内层循环内输出*；
5.输出换行符。

科技兔：怎么样？快吧！我是天才！

```cpp
01 #include <iostream>
02 using namespace std;
03 int main()
04 {
05     int n;
06     cin >> n;
07     for (int i = 1; i <= n; i++)
08     {
09         for (int j = 1; j <= 6; j++)
10         {
11             cout << "*";
12         }
13         cout << endl;
14     }
15     return 0;
16 }
```

7.9 打印矩形2

哈希鼠：是我小瞧你了，既然如此，你来试试这个。

科技兔：我现在空前膨胀！

哈希鼠：输入 n、m，打印一个由 n 行 m 列的 # 组成的矩形。

互动课件　打印矩形2

4.输入2个数n、m，打印一个由n行m列的 # 组成的矩形。

输入：3 5

输出：#####
　　　#####
　　　#####

科技兔：简单，外层循环 1~n 次，内层循环 1~m 次，在内层循环中输出 "#" 号。

互动课件　打印矩形2

4.输入2个数n、m，打印一个由n行m列的 # 组成的矩形。

输入：3 5

输出：#####
　　　#####
　　　#####

1.输入n、m；
2.外层1~n进行循环；
3.内层1~m进行循环；
4.在内层循环内输出 #；
5.输出换行符。

●哈希鼠：你答得好果断，已完全掌握了。快去 C++编译器里试一试吧。

```cpp
01 #include <iostream>
02 using namespace std;
03 int main()
04 {
05     int n, m;
06     cin >> n >> m;
07     for (int i = 1; i <= n; i++)
08     {
09         for (int j = 1; j <= m; j++)
10         {
11             cout << "#";
12         }
13         cout << endl;
14     }
15     return 0;
16 }
```

7.10　打印哑铃图形

●科技兔：还有吗？

●哈希鼠：最后一个了。你今天真是兴奋。

●科技兔：感觉今天做题无比顺利。趁热打铁，再来一题。

●哈希鼠：你直接看图吧，要打印一个哑铃图形，需要使用循环嵌套哦。

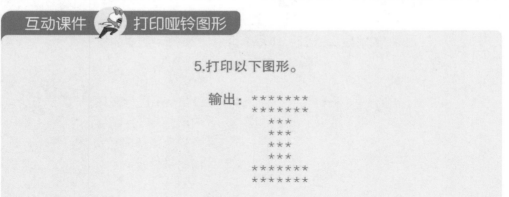

互动课件 打印哑铃图形

5.打印以下图形。

输出：
```
* * * * * * *
* * * * * * *
    * * *
    * * *
    * * *
    * * *
* * * * * * *
* * * * * * *
```

●科技兔：啊！这个得需要三个循环嵌套去拼起来吧。

●哈希鼠：不然怎么能成为压轴题呢？记得好好数数*的个数，千万不要打印错误了。也记得我提醒你的，看得见的东西一定要打印出来，看不见的也不要遗漏了。

互动课件 打印哑铃图形

5.打印以下图形。

输出：
```
* * * * * * *
* * * * * * *
    * * *
    * * *
    * * *
    * * *
* * * * * * *
* * * * * * *
```

1.外层2次循环，内层7次循环，打印第1个矩形；
2.外层4次循环，内层3次循环，打印第2个矩形并打印空格；
3.外层2次循环，内层7次循环，打印第3个矩形。

●科技兔：摩拳擦掌，我这就开始。就不信压轴题还能难倒今天的我。

```cpp
01 #include <iostream>
02 using namespace std;
03 int main()
04 {
05     for (int i = 1; i <= 2; i++)
06     {
07         for (int j = 1; j <= 7; j++)
08         {
09             cout << "*";
```

```
10          }
11          cout << endl;
12       }
13       for (int i = 1; i <= 4; i++)
14       {
15          cout << "   ";
16          for (int j = 1; j <= 3; j++)
17          {
18              cout << "*";
19          }
20          cout << endl;
21       }
22       for (int i = 1; i <= 2; i++)
23       {
24          for (int j = 1; j <= 7; j++)
25          {
26              cout << "*";
27          }
28          cout << endl;
29       }
30       return 0;
31  }
```

🐰科技兔：完成，今天的我可谓乘风破浪，势不可挡！

🐭哈希鼠：别骄傲，马上就进入总结部分。

7.11 课堂总结

▎**什么时候使用循环嵌套？**

当事物中重复的部分还有重复部分时。

▎**本节课的循环嵌套的内外层结构是什么？**

内层循环和外层循环。

▎**外层循环的循环次数如何计算？**

外层循环重复次数。

▎**内层循环的循环次数如何计算？**

外层循环重复次数乘以内层循环重复次数。

小朋友们，大家有没有掌握本节课的知识内容呢？接下来，进入随堂测试环节，检验一下大家的学习状况吧。

7.12 随堂练习

1. 循环嵌套中内层循环和外层循环的关系是什么？（ ）

    A．内层循环写在外层循环循环体中

    B．内层循环写在外层循环后面

    C．外层循环写在内层循环循环体中

    D．内层循环写在外层循环的循环条件中

2. 打印由*组成的正方形时，换行符应写在哪里？（ ）

    A．内层循环的循环条件中　　　　　B．内层循环的循环体中

    C．外层循环的循环条件中　　　　　D．外层循环的循环体中

3. 请问以下代码最终会输出多少个*？（ ）

```
01 for (int i = 1; i <= 9; i++)
02 {
03     for (int j = 1; j <= 3; j++)
04     {
05         cout << "*";
06     }
```

    A．18　　　　　　B．12　　　　　　C．27　　　　　　D．30

7.13 课后作业

1．打印矩形（@）（4213）。

2．选择性打印矩形（4214）。

第8课 复习小结2

8.1 开场

各位同学好！经过前面几课的学习，我们学到不少的新知识。而好的学习习惯是不断温习旧知识，再继续学习新知识。所以我们的复习环节又来啦！这节课是对第二个阶段的内容进行复习，现在让我们正式开始吧。

- 不一样的判断条件
- 运算符总结
- if 嵌套结构
- 大括号的使用

8.2 不一样的判断条件

●**布尔教授**：在第 2 部分里，我们学到一种新的程序结构——选择结构。你们还记得什么是选择结构吗？

●科技兔：布尔教授，太好了！通信修好了吗？

●哈希鼠：等等。

●**布尔教授**：这是布尔教授的虚拟助手，通信中断，无法直接与你们取得联系，布尔教授担心你们遇到难题，特地使用紧急通信手段把我传输过来。

●科技兔：太好了！布尔教授还是靠谱的。

●哈希鼠：真的吗？我怎么感觉是过来监督我们学习的。

●科技兔：好像是的，前面遇到难关，也没有帮忙，现在出来就是提问，像考试。

●哈希鼠：不定时考试比一直在线监督可怕多了。

●**布尔教授**：言归正传，还记得我刚刚的问题吗？选择结构的含义是什么？

科技兔：我记得，对于一段程序而言，我们并不会执行所有的代码，而是根据判断条件有选择地去执行某一段代码。

布尔教授：你真是可教之才！

科技兔：还会夸人啊，真厉害！

布尔教授：不错，我还能聊天，还能打开副本考验关卡。既然说到判断条件，今天就带你俩再见识一下不一样的判断条件。现在先请你们尝试下面的代码。

```
01 #include <iostream>
02 using namespace std;
03 int main()
04 {
05     if (2 > 3)
06     {
07         cout << "yes";
08     }
09     else
10     {
11         cout << "no";
12     }
13     return 0;
14 }
```

科技兔："if(2>3)？"这个判断条件是什么意思？在数学里面，2是不可能大于 3 的。

哈希鼠：在数学里面确实不成立，但是在 C++中，这是一个关系表达式，2>3 不成立的话，就代表这个判断条件并不成立。

科技兔：我懂了，根据 if-else 双分支结构的执行顺序，现在 if()里面的判断条件 2>3 不成立，就不会执行 if 大括号{}里面的内容；接下来，就会进入 else 分支，执行 else 大括号{}里面的内容，所以最终输出的结果是 no。

布尔教授：对，2>3 是一个关系表达式，并且是假的，不成立的表达式。再考考你们，如果把 2>3 换成 3>2 呢？

科技兔：3>2 是一个成立的表达式，当然输出 yes 啦！

● **布尔教授**：如果是 1>100 呢？

● **哈希鼠**：毫无悬念，输出 no，可以对比 2>3 的逻辑。

互动课件 2>3对吗？

```
if(2>3)
{
    cout << "yes";
}
else
{
    cout << "no";
}
```

yes   no

小贴士 2>3是一个关系表达式，并且是表示假的,不成立的表达式,因此if条件不满足,输出no。

● **布尔教授**：再来一个回合，2>=2 呢？

● **科技兔**：哈希鼠，还是交给你吧。

● **哈希鼠**：这个关系表达式其实也是真的，因为表示的是 2 大于 2 或者 2 等于 2，只要满足其中一个条件就是真的关系表达式。

● **科技兔**：原来如此简单。这么说，1<=2 也是真的喽！

● **布尔教授**：不要着急，我还没有考完呢。如果将判断条件改成下面的样子呢？

```
01 #include <iostream>
02 using namespace std;
03 int main()
04 {
05     if (1)
06     {
07         cout << "yes";
08     }
09     if (-1)
10     {
11         cout << "yes";
12     }
13     if (0)
```

```
14        {
15                cout << "yes";
16        }
17        return 0;
18 }
```

🐰**科技兔**：怎么判断条件越来越简洁了？if(1)？if(-1)？if(0)？摸不着头脑。

🐭**哈希鼠**：又被难住了吧。我可以告诉你，这段代码会输出 2 个 yes。

🐻**布尔教授**：科普时间到！其实不管是 1、-1 还是 0，都可以作为判断条件。当它们作为判断条件时，有一个规定······

🐰**科技兔**：一定是个非常重要的规定。

🐻**布尔教授**：所有非 0 的数字都表示条件为真，即条件成立；而 0 则表达条件为假，即条件不成立。

互动课件　不一样的判断条件

```
if( 1 )                    if( 0 )
{                          {
    cout <<"yes";              cout << "yes";
}                          }

if( -1 )                   非0的数字表示条件真，
{                          0表示条件为假。
    cout << "yes";
}
```

🐰**科技兔**：原来如此，所以 1 和-1 都是成立的条件，0 是不成立的条件。终于理解哈希鼠说输出 2 个 yes 的原因。

8.3　运算符总结

🐻**布尔教授**：关于选择结构判断条件的形式，我们已经复习得差不多了。但是大家有没有发现，判断条件中出现好多我们之前并没有接触过的符号，你们还有印象吗？

科技兔：刚刚提到过的大于号。

哈希鼠：记忆犹新的等于号。

布尔教授：大家或多或少有些印象，不过运算符还是较多的，让我们系统地总结一下吧。

布尔教授：C++中的运算符主要分为三大类：算术运算符、关系运算符和逻辑运算符。算术运算符主要就是加（+）、减（−）、乘（*）、除（/）、取余（%）、自增（++）和自减（−−）。

科技兔：赶紧拿个小本子记下来。

布尔教授：关系运算符一共有 6 个：大于（>）、小于（<）、大于等于（>=）、小于等于（<=）、不等于（!=）和等于（==）。

哈希鼠：友情提示，等于号（==）和赋值号（=）的区别。并且没有=>、=<这两个符号哦。

布尔教授：最近逻辑运算符的使用频率较高，一共有 3 个：并且（&&）、或者（||）、非（!）。

科技兔：之前见过并且符号（&&），是指多个条件要同时成立才为真。

布尔教授：不错！其实非（!）在不等于符号（!=）中就出现了，代表相反的情况。或者符号（||），简单来说，就是多个条件中任意一个成立就为真，后面的课程就学习到。

互动课件　运算符总结

算术运算符		关系运算符		逻辑运算符	
+	加	>	大于	&&	并且
−	减	>=	大于等于	||	或者
*	乘	<	小于	!	非
/	除	<=	小于等于		
%	取余	==	等于		
++	自增	!=	不等于		
−−	自减				

布尔教授：现在来完成一个运算符的小练习吧。从键盘读入一个数，这个数在 0~5 之间，每个数都有一个对应的运算符，数字 0 对应"!="，数

字 1 对应"==",数字 2 对应"<",数字 3 对应"<=",数字 4 对应">",数字 5 对应">="。请你写一个程序,根据读入的数字输出其对应的运算符。

 科技兔:这里一共有 6 种情况,看来得用选择结构,这样,我需要写6 个 if 语句才能判断完所有的情况。

 布尔教授:思路没问题,那就试试吧。

```cpp
01 #include <iostream>
02 using namespace std;
03 int main()
04 {
05     int a;
06     cin >> a;
07     if (a == 0)
08     {
09         cout << "!=";
10     }
11     if (a == 1)
12     {
13         cout << "==";
14     }
15     if (a == 2)
16     {
17         cout << "<";
18     }
19     if (a == 3)
20     {
21         cout << "<=";
22     }
23     if (a == 4)
24     {
25         cout << ">";
26     }
27     if (a == 5)
28     {
29         cout << ">=";
30     }
```

```
31      return 0;
32 }
```

8.4 if 嵌套结构

● **布尔教授**：前面我们学习了嵌套结构，知道可以将循环结构和选择结构嵌套在一起，构成 for-if 嵌套。当然，除此之外，嵌套的形式是多种的，同一个结构也可以形成嵌套关系，比如选择结构和选择结构嵌套就构成了 if 嵌套结构。

互动课件　　if嵌套

```
int a=15;
if(a%3==0)
{
    if(a%5==0)
    {
        cout << "yes";
    }
}

else
{
    cout << "no";
}
```

⇨ **if嵌套结构**

● **布尔教授**：大家先试一试下面的代码，感受一下 if 嵌套的格式吧。

```
01 #include <iostream>
02 using namespace std;
03 int main()
04 {
05     int a = 15;
06     if (a % 3 == 0)
07     {
08         if (a % 5 == 0)
09         {
10             cout << "yes";
11         }
```

```
12        }
13        else
14        {
15            cout << "no";
16        }
17        return 0;
18 }
```

科技兔：不出所料，这个代码输出"yes"。

布尔教授：现在我们详细分析一下这段代码。Question1:这一段代码里面有两个 if，那么请问现在的 else 和哪个 if 搭配呢？

互动课件 if嵌套

```
int a=15;
if(a%3==0)
{
    if(a%5==0)
    {
        cout << "yes";
    }
}
```

⇨ if-else双分支结构

```
else
{
    cout << "no";
}
```

哈希鼠：当然是第一个 if，整体来看，这段代码依然是 if-else 双分支结构。

布尔教授：其实，else 的匹配采用就近原则，离上方哪个 if 近，就属于哪个 if。现在 else 离得最近的就是外层的 if，所以匹配的就是第 1 个 if。

布尔教授：匹配的问题解决了，再来详细看看 if 嵌套的执行顺序。这个顺序其实并不复杂。按顺序来，先执行第一个 if，判断条件是否成立，结果分两种。第一种结果：变量 a 的值为 15，15%3==0 成立，因此进入大括号{}里面继续执行,而大括号{}里面也有一个 if,继续判断 15%5 是否为 0,15%5==0 成立,进行第二个 if 的大括号{},输出"yes"。

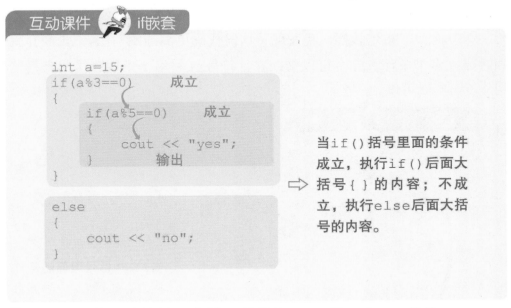

哈希鼠:第二种结果:变量 a 的值为 20,第一个 if 条件 20%3==0 不成立,因此进入另一个分支 else,执行 else 后面大括号{}里面的内容,输出"no"。

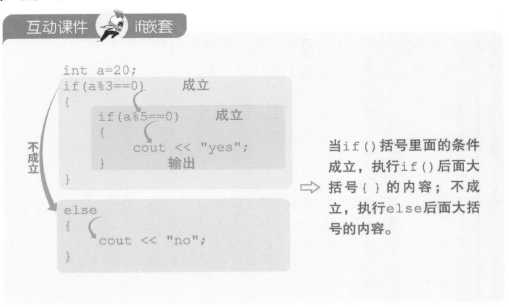

布尔教授：对于双分支的选择结构，大家记住一条规则就可以。当 if () 括号里面的条件成立，执行 if () 后面大括号 {} 的内容；不成立，执行 else 后面大括号的内容。这样即使嵌套多层，我们也能快速理解程序的执行顺序。

哈希鼠：布尔教授，我发现了这段代码更简洁的写法，if 嵌套就是要同时成立多个条件，完全可以借助并且符号 && 将多个条件连接起来，这样使用 1 个 if 就可以。

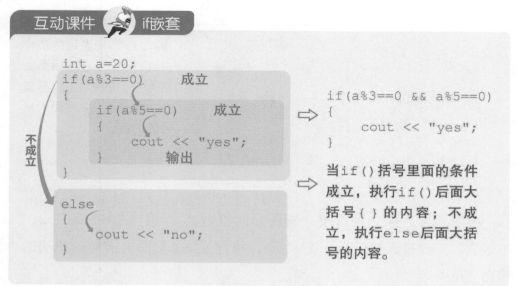

布尔教授：观察得非常仔细，为你点个赞！当 if 嵌套层数较多时，这个方法是非常有用的，大家可以学习、掌握它。

科技兔：又学到方便的小技巧。

```
01  #include <iostream>
02  using namespace std;
03  int main()
04  {
05      int a = 15;
06      if (a % 3 == 0 && a % 5 == 0)
07      {
08          cout << "yes";
09      }
10      else
11      {
```

```
12          cout << "no";
13      }
14      return 0;
15 }
```

8.5 大括号的使用

●布尔教授：观察下面两段代码，两者到底有什么样的区别？

```
01 #include <iostream>
02 using namespace std;
03 int main()
04 {
05      int a = 11;
06      if (a % 2 == 0)
07      {
08          a++;
09          a = a * 2;
10      }
11      cout << a;
12      return 0;
13 }
```

```
01 #include <iostream>
02 using namespace std;
03 int main()
04 {
05      int a = 11;
06      if (a % 2 == 0)
07          a++;
08      a = a * 2;
09      cout << a;
10      return 0;
11 }
```

●科技兔：这两段代码就是大括号的区别，第一段有，第二段没有。

●布尔教授：大括号的有无对最终的输出结果会有影响吗？

科技兔：我得试一试。

科技兔：代码尝试中……

哈希鼠：小意思，我不需要测试代码，第一段的结果是 11，第二段的结果是 22。

科技兔：膜拜！你是怎么看出来的？

哈希鼠：第一段代码中 if() 后面是存在大括号的，但是 a=11 并不能让 a%2==0 成立，所以大括号里面的内容不会执行，最终输出结果 a 依然是 11。

科技兔：为什么第二段输出的是 22 呢？一个大括号而已，区别这么大？

布尔教授：这就要说一说大括号的使用，当大括号{}里面只有单条语句或者语句块的时候，可以省略{}。

互动课件 大括号的使用

```
if(判断条件)          if(判断条件)
{                         语句块;
    语句1;        else                    if(a%3==0)
    语句2;             语句块;                  语句块
    语句3;                                
    ...          if(判断条件)
}                     语句1;
else             else                   else 单条语句
{                     语句1;
    语句1;
    语句2;        当大括号{}里面只有单条语句或者语句块
    语句3;        时，可以省略{}。
    ...
}
```

科技兔：所以反过来思考，第二段代码没有大括号，就意味着 if() 后面只有一行代码。

哈希鼠：就是这个原因，a%2==0 不成立之后，只有"a++;"不会被执行，"a=a*2;"执行之后 a 就变成 22。

布尔教授：科技兔，顺便再考考你，"a=a*2;"是怎样运算的？

科技兔：这个我会。赋值符号从右往左，先计算 a*2，再将得到的结果赋值给 a。补充一点，"a=a*2；"还可以写成"a*=2；"。

布尔教授：不错不错，进步很大，都会自问自答了！

科技兔：布尔教授，还有一点我不太明白，单条语句我能理解就是一行代码，那语句块又是什么？

布尔教授：这确实是一个比较难理解的概念，其实一个完整的 if 语句本质上就是一条语句，一个语句块，也可以称作"复合语句"。这一条 if 语句特殊之处在于有自己的子语句 cout 部分，所以看起来就显得很多。

互动课件 大括号的使用

```
if(判断条件)             if(判断条件)
{                            语句块;
    语句1;              else                if(a%3==0)
    语句2;                  语句块;            if(a%5==0)
    语句3;                                      cout << "yes";
    ...                if(判断条件)
}                          语句1;        else cout << "no";
else                   else
{                          语句1;
    语句1;
    语句2;             当大括号{}里面只有单条语句或者语句块
    语句3;             时，可以省略{}。
    ...
}
```

科技兔：所以只要是一个完整的语句块，不管行数多少都可以省略{}？

布尔教授：对，包括 for 循环里面也是这样的。

科技兔：这样的话，下次闯关的时候又有可以减少代码行数的方法啦！

8.6 幼儿园床位安排

布尔教授：幼儿园最近引进了一批新的儿童午睡床。午睡区的房间是一个长方形的场地，该场地的长度为 a，宽度为 b（1<=a,b<=10000）。在这个午睡房间里，需要安置尽量多的儿童午睡床，每张床连同其周围的活动区(包括走道)需要占据一块长为 c*c(1<=c<=1000)的正方形区域。科技兔

想知道在这个房间里，最多可以安放多少张儿童午睡床？

科技兔：这题简单，已知房间的长度和宽度，总面积也可以计算出来，用总面积除以儿童床的面积就能得到午睡房间一共能放多少张儿童床，所以答案是(a*b)/(c*c)。

哈希鼠：你能确保房间内的每一个角落都能放儿童床吗？请注意房间是一个长方形，按照你的摆放方式，是不是有可能某些床可能被分解成多个部分，放置在不足以放下一张床的多个位置？

科技兔：对呀，我怎么没想到呢？那该怎么办呀？

布尔教授：我们可以先算出在房间内一行能够摆放儿童床的最大数量，再算出在房间内一列能够摆放儿童床的最大数量，将这二者相乘即可得到最终能够摆放儿童床的最大数量。

科技兔：好办法！在房间内一行能够摆放儿童床的最大数量为a/c，在房间内一列能够摆放儿童床的最大数量为b/c，所以最终答案应该是(a/c)*(b/c)。我这就去把这题的代码写下来。

```cpp
01 #include <iostream>
02 using namespace std;
03 int main()
04 {
05     int a, b, c;
06     cin >> a >> b >> c;
07     cout << (a / c) * (b / c);
08     return 0;
09 }
```

8.7 逢 6 必过

🔵 **布尔教授**：我这里有一个小游戏，想玩吗？

🔵 **科技兔**：游戏？当然想啦！

🔵 **布尔教授**：逢 6 必过的游戏规则如下：对一个区间内的整数进行报数，若遇到的数字是 6 的倍数或个位数是 6，则不报数，输出"pass"；否则，直接输出这个数。

🔵 **布尔教授**：给定开始游戏的第一个整数 a，和结束游戏时的最后一个整数 b(1<=a, b<=10000)，请输出整个报数的过程，每行一个报数。

互动课件 📺 逢6必过

对一个区间内的整数进行报数，若遇到的数字是6的倍数或者个位数是6，则不报数，输出"pass"；否则，直接输出这个数。

```
10
11
pass
13
14
15
pass
17
pass
19
20
```

🔵 **哈希鼠**：你想玩就交给你啦。

🔵 **科技兔**：听起来还挺有意思的，让我想想，给定一个区间是 a~b，那我第一步要遍历这个区间，老样子：for 循环，for(int i=a;i<=b;i++)。

互动课件 🥷 "||" ——或者符号

```
int a,b;
cin >> a >> b;
for(int i=a;i<=b;i++)
{
    if(  6的倍数  或者  个位数为6的数  )
    {
        cout << "pass" <<endl;
    }
    else
    {
        cout << i << endl;
    }
}
```

科技兔：检查在这个区间内所有的数，这里是用 i 表示了所有的数，判断如果这个数是 6 的倍数或者个位是 6，则输出"pass"。6 的倍数可以用 if(i%6==0) 判断，个位是 6 可以用 if(i%10==6) 判断。

科技兔：我好像遇到了一个问题：这里的两个条件不需要同时成立，就不能使用 if 嵌套，现在该怎么办？

布尔教授：你想想刚刚总结的逻辑运算符。

哈希鼠：两个条件只需要满足其中一个即可，那就是或者的关系。

科技兔：我知道了，用一个 if 语句，在 if() 小括号里面将两个条件用"||"连接。再写一个 else 分支，如果这两个条件均不满足，那就直接输出 i。

布尔教授：恭喜你们已经学会使用或者符号了！"或者"就是指多个条件中任意满足一个条件，整个条件就都成立。

哈希鼠：要么松果，要么胡萝卜，有其中一个我都很开心！

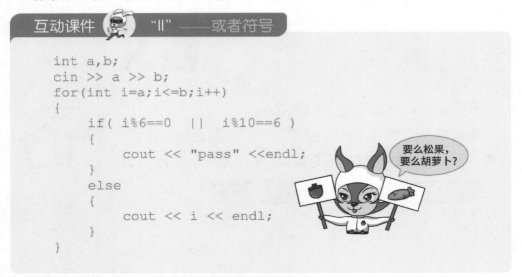

互动课件　"||"——或者符号

```
int a,b;
cin >> a >> b;
for(int i=a;i<=b;i++)
{
    if( i%6==0  ||  i%10==6 )
    {
        cout << "pass" <<endl;
    }
    else
    {
        cout << i << endl;
    }
}
```

要么松果，要么胡萝卜？

布尔教授：你们快去试试代码吧。补充一点，可以尝试能不能尽可能多地去掉大括号。

```
01 #include <iostream>
02 using namespace std;
03 int main()
04 {
```

```
05    int a, b;
06    cin >> a >> b;
07    for (int i = a; i <= b; i++)
08    {
09        if (i % 6 == 0 || i % 10 == 6)
10            cout << "pass" << endl;
11        else
12            cout << i << endl;
13    }
14    return 0;
15 }
```

8.8 竞技场的较量

布尔教授：第 2 部分的竞技场又要开始啦！大家快来参加吧。

练习关卡 1

关卡任务

拾取数据芯片，判断所获取的值是否既是 3 的倍数又是 4 的倍数：如果是，向左走；不是，向右走。

科技兔：拾取数据芯片，判断所获取的值是否既是 3 的倍数又是 4 的倍数：如果是，向左走；不是，向右走。

哈希鼠：百分之百是选择结构。

科技兔：定义一个变量 a，先读入 a，前进 1 步，两种情况讨论：如果 a%3==0 并且 a%4==0 左转；否则，右转。

练习关卡 1 完美通关代码：

```
01 #include <iostream>
```

```
02  using namespace std;
03  int main()
04  {
05      int a;
06      cin >> a;
07      if (a % 3 == 0 && a % 4 == 0)
08      {
09          forward(1);
10          left();
11          forward(2);
12          right();
13          forward(3);
14      }
15      else
16      {
17          forward(1);
18          right();
19          forward(1);
20          left();
21          forward(3);
22      }
23      return 0;
24  }
```

田 练习关卡 2

关卡任务

拾取数据芯片, 判断所获取的值是否为闰年: 如果是闰年, 向右走; 不是, 向左走。

⬤哈希鼠: 拾取数据芯片, 判断所获取的值是否为闰年: 如果是闰年, 向右走; 不是, 向左走。

科技兔：什么是闰年？

哈希鼠：能被 400 整除，或者能被 4 整除但不能被 100 整除的都是闰年，其余的年份均为平年。能被 400 整除的为世纪闰年，如 2000 年就是世纪闰年。

科技兔：知道了什么是闰年就好办了。定义一个变量 a，先读入 a，能被 400 整除，a%400==0；能被 4 整除但不能被 100 整除，a%4==0，a%100!=0，这两个条件要同时成立，中间用并且符号连接，if(a%4==0 && a%100!=0)。

哈希鼠：a%400==0 是两种闰年情况中的一种，那么和第二类的情况就是或者的关系，完成的判断条件 if(a%4==0 && a%100!=0 || a%400==0)。

科技兔：合作愉快！如果 if() 成立就前进 1 步，右转，前进 2 步，左转，前进 3 步，到达终点了。

哈希鼠：如果 if() 不成立，再写一个 else，前进 1 步，左转，前进 1 步，右转，前进 3 步，通关！

☑ 练习关卡 2 完美通关代码：

```
01 #include <iostream>
02 using namespace std;
03 int main()
04 {
05     int a;
06     cin >> a;
07     if (a % 4 == 0 && a % 100 != 0 || a % 400 == 0)
08     {
09         forward(1);
10         right();
11         forward(2);
12         left();
13         forward(3);
14     }
15     else
16     {
```

```
17          forward(1);
18          left();
19          forward(1);
20          right();
21          forward(3);
22      }
23      return 0;
24  }
```

8.9 拓展：计算机的组成

●布尔教授：计算机分为硬件和软件两大部分。硬件系统由主机和外设组成，也可以由五大部分组成：中央处理器（CPU）、内存储器、输入输出设备和外存储器。

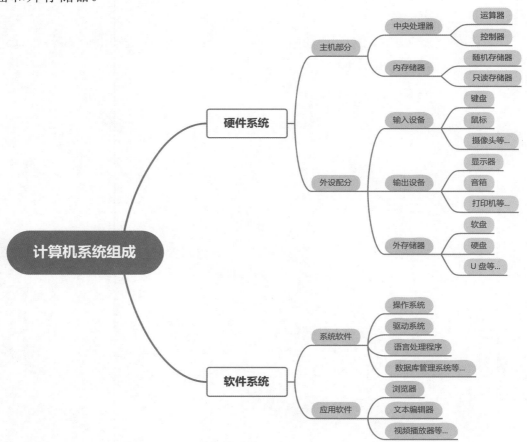

第 9 课　深入地底

同学们好！欢迎来到科技兔编程第 9 课"深入地底"。

在上节课，我们学习了 for 循环技能并掌握了新的使用方法：在一个循环中嵌套另一个循环，这种结构称为循环嵌套。科技兔也凭借循环嵌套结构成功修复了采矿装置。

我们还通过对 for 循环嵌套的练习，实践了如何使用循环嵌套打印"*"矩形。回忆一下，for 循环嵌套分为外层循环和内层循环，在打印"*"矩形时，外层循环的变量决定矩形的行数，内层循环的变量决定矩形的列数。今天我们将继续学习 for 循环嵌套，但是这一次我们将学习如何使用变量来控制循环嵌套的执行。通过使用变量，我们可以更好地控制循环嵌套的执行次数和内容。这将帮助我们更加灵活地处理各种编程任务。让我们开始吧！

- 内层循环和外层循环的关系
- 循环嵌套的变量控制，内层循环访问外层变量
- 内外层循环次数的关系
- 循环嵌套的应用："*"三角形、数字三角形、九九乘法表

9.2　深入地底

目　关卡 2-7

关卡任务
使用循环变量 i 破解升降机密码。

科技兔凭借自己的聪明才智写出循环嵌套结构，成功修复了采矿装置，但刚刚修好的采矿装置突然出现故障……

☑ 关卡2-7 完美通关代码：

```
01 #include <iostream>
02 using namespace std;
03 int main()
04 {
05     for (int i = 1; i <= 3; i++)
06     {
07         forward(3);
08         cout << i;
09     }
10     return 0;
11 }
```

📖 关卡2-8

关卡任务
使用循环变量i破解传送平台密码。

🐭哈希鼠：for循环每一次重复，变量i的值会随之变化，第一次循环为1，第二次循环为2，第三次循环变成3……

🐭哈希鼠：理解了循环的本质，就可以写出许多功能强大的代码。

🐰科技兔：钻石矿……钻石矿在哪里？

🐭哈希鼠：（生气）你到底有没有听我说话？

☑ 关卡2-8 完美通关代码：

```
01 #include <iostream>
02 using namespace std;
03 int main()
```

```
04 {
05     for (int i = 1; i <= 4; i++)
06     {
07         forward(i);
08         cout << i;
09     }
10     return 0;
11 }
```

9.3　循环嵌套

科技兔：我已经能够熟练掌握 for 循环的原理啦。这个技能我也用得越来越得心应手。

哈希鼠：真厉害！我的大天才！

布尔教授：我来考考你，for 循环应该在什么时候使用呢？

科技兔：考试又来了。

哈希鼠：神出鬼没的。

布尔教授：请回答，for 循环应该在什么时候使用呢？

科技兔：如果代码出现重复，我就直接使用 for 循环技能。

布尔教授：如果重复的代码本身存在重复，我们该怎么办呢？

科技兔：好像也是使用 for 循环，具体是，让我想想……

哈希鼠：你继续在这里想吧。我要赶紧离开了，再不走，暗影军团就得赶过来了。

哈希鼠：嗖……（飞速离开）

科技兔：喂，等等我呀。

> **互动课件** for循环嵌套
>
> 如果代码出现重复，我们可以使用for循环
> 若是重复的代码本身存在重复
> 便需要使用for循环嵌套

9.4 生活中的循环嵌套

科技兔：你觉得循环嵌套这个技能应该在什么时候用啊？

哈希鼠：当代码出现重复就使用 for 循环，当 for 循环还存在重复的现象就可以使用循环嵌套。

科技兔：当 for 循环存在重复的现象？

哈希鼠：就是重复的代码本身存在重复。

科技兔：有点难懂。

哈希鼠：比如家里的时钟，那就是个循环嵌套结构，时针每转 1 圈，分针就会转 12 圈，分针每转 1 圈，秒针就转 60 圈。

互动课件　生活中的循环嵌套

家里的时钟似乎也是循环嵌套结构呢

时针每转1圈，分针需要重复转12圈。

分针每转1圈，秒针就得重复转60圈。

9.5 循环嵌套的流程

科技兔：循环嵌套的执行流程是什么样的呢？

哈希鼠：在我们打印矩阵的时候，矩阵的行数就是外层循环的循环变量，矩阵的列数就是内层循环的循环变量。

科技兔：这个我已经掌握了。

哈希鼠：但是你知道内外层循环变量的执行流程是怎样的吗？

科技兔：这个……我不是太清楚。

哈希鼠：就以打印两行两列的矩阵为例，我们来看一下循环嵌套的执行流程吧。

科技兔：洗耳恭听！

```
01 for (int i = 1; i <= 2; i++)
02 {
03     for (int j = 1; j <= 2; j++)
04     {
05         cout << "*"<< " ";
06     }
07     cout << endl;
08 }
```

哈希鼠：首先，循环从外层开始执行，先将 i 赋值为 1，判断 i 是否小于等于 2，判断为真，向下执行。

科技兔：这不就是 for 循环嘛！

哈希鼠：没错，只不过内层循环现在也是一个 for 循环。

哈希鼠：然后执行内层循环，将 j 赋值为 1，判断 j 是否小于等于 2，判断为真，打印一个"*"。

互动课件　循环嵌套的变量

```
              i=1
for(int i=1;i<=2;i++)
{                 j=1
    for(int j=1;j<=2;j++)
    {          打印
        cout <<"*"<<" ";
    }
    cout << endl;

}
```

输出第1行的第1个"*"

*

科技兔：我知道，接下来执行 j++，将 j 自增 1，这时 j 的值就是 2，判断 j 是否小于等于 2，判断为真，继续打印一个"*"。

哈希鼠：之后呢？

科技兔：之后执行 j++，但 j 自增之后，j<=2 就不成立，则终止内层循环，向下执行，打印一个换行符。

互动课件 循环嵌套的变量

i=1

```
for(int i=1;i<=2;i++)
{
    for(int j=1;j<=2;j++)
    {
        cout <<"*"<<" ";
    }     换行
    cout << endl;
}
```

输出第1行的第2个"*"

*   *

哈希鼠：接下来就该执行 i++，循环变量 i 自增 1，这时 i 的值为 2，判断 i 是否小于等于 2，判断为真，向下执行。

科技兔：接下来就与之前一样，内层循环两次，打印第二行的两个"*"，并换行。

互动课件 循环嵌套的变量

i=2

```
for(int i=1;i<=2;i++)
{          j=2
    for(int j=1;j<=2;j++)
    {      打印
        cout <<"*"<<" ";
    }  换行
    cout << endl;
}
```

输出2行2列的"*"矩形

*   *
*   *

哈希鼠：那接下来呢？

科技兔：接下来就是执行 i++，但 i 自增之后，i<=2 就不成立，则终止整个循环。这时整个循环嵌套执行结束。

哈希鼠：是的，外层循环总共循环 2 次，打印 2 行 "* *"，内层循环总共循环 4 次，打印 4 个 "*"。

9.6 循环嵌套的变量

●哈希鼠：如果内层循环需要调用外层循环的变量，那么内外层循环变量名就应不同。

●科技兔：知道了，知道了！赶快下矿吧，钻石我来了！

●哈希鼠：哎……（叹气）

关卡 2-9

关卡任务

将所有能量方块推进对应卡槽。注意嵌套结构内外层循环的关系。

●科技兔：终于到达地底了。啊，这里怎么这么复杂？！

●哈希鼠：不要慌，这是一个循环嵌套问题，需要使用刚才学过的循环变量知识。

●哈希鼠：先将路线逐段拆分，写出内层循环的代码。然后寻找规律，将各段代码套进外层循环中。

●科技兔：好像听懂了，又好像没完全听懂。

☑ 关卡 2-9 完美通关代码：

```
01 #include <iostream>
02 using namespace std;
03 int main()
04 {
05     for (int i = 1; i <= 5; i++)
06     {
07         for (int j = 1; j <= i; j++)
08         {
09             push();
10             forward(1);
11         }
```

```
12          left();
13      }
14      return 0;
15 }
```

9.7 循环嵌套应用

科技兔：循环嵌套而已，很难吗？

布尔教授：科技兔已经能够熟练地使用循环嵌套技能了吗？那赶快跟我来进行一次试练吧。

科技兔：我肚子突然有点痛。

哈希鼠：不准逃跑！

布尔教授：好了，今天试练一共分为三个等级，完成的等级越高，就表示与循环嵌套技能的契合度越高。同时也会使你们对循环嵌套技能理解、掌握得更加深刻。

科技兔：听起来很难的样子……

哈希鼠：小意思，我上次直接连破两关呢！

科技兔：那我得连破三关！

布尔教授：既然你这么有信心，那赶快准备出发吧。

布尔教授：在这次试练中要求生成由"*"组成的三角形。

哈希鼠：生成一个由"*"组成的三角形？

布尔教授：对，不过要求生成三角形行数为 5 行。

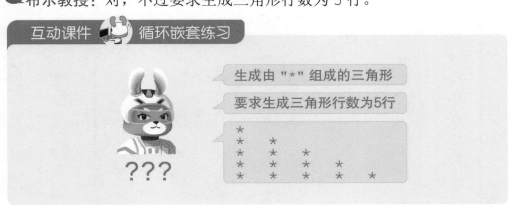

科技兔：根据之前学习打印矩形的经验，三角形的行数与外层循环的变量相关，所以外层循环的循环次数是 5 次。

哈希鼠：那内层循环变量怎么进行设置呢？三角形每一行的列数都不同啊。

科技兔：第一行有一个"＊"，第二行有两个"＊"，第三行有三个"＊"……

哈希鼠：似乎每一行"＊"的个数都与所在的行数相同。

科技兔：外层循环变量的值不就可以表示行数吗？

哈希鼠：是的，外层循环到第几次，内层就要打印几个"＊"。

科技兔：我知道了，代码就应该这样写：

```
01 for (int i = 1; i <= 5; i++)
02 {
03     for (int j = 1; j <= i; j++)
04     {
05         cout << "*"<< " ";
06     }
07     cout << endl;
08 }
```

科技兔：外层变量名为 i，i 从 1 自增到 5，总共循环 5 次。

哈希鼠：内层变量从 1 自增到 i，循环 i 次。

科技兔：这个试练根本没什么难度嘛。

布尔教授：恭喜你们通过第一关试练，接下来是第二关。

科技兔：我准备好了！

互动课件 循环嵌套练习

生成一个高度为3的数字三角形

要求数字三角形的数字表示所在行的行号

```
1
2    2
3    3    3
```

???

●布尔教授：这一题需要生成一个高度为 3 的数字三角形。

○科技兔：这也太简单了，这与上一题不是一样的吗？

●布尔教授：仔细观察这一题，如果不够细心，很有可能会掉进陷阱。

○科技兔：高度为 3，也就是行数为 3，和上一关一样，都是外层循环的次数。

○科技兔：还是与上一关一样的嘛。

●哈希鼠：但是每一行打印的数字是不同的，上一关只需要打印"＊"就可以了，但这一关需要打印对应的数字。

●哈希鼠：而且每一行的数字都等于所在行的行号。

○科技兔：这不正是外层循环变量 i 的值吗？

互动课件 循环嵌套的变量

数字与行号相同

行1 1
行2 2 2
行3 3 3 3

○科技兔：我知道该怎么写了。

```
01 for (int i = 1; i <= 3; i++)
02 {
03     for (int j = 1; j <= i; j++)
04     {
05         cout << i << " ";
06     }
```

```
07      cout << endl;
08 }
```

🐰**科技兔**：我的循环嵌套技能已经达到炉火纯青的地步。哈哈哈！

⚫**布尔教授**：没想到你们这么快就通过关卡！

🐰**科技兔**：那是当然，也不看看闯关的人是谁。

⚫**布尔教授**：接下来是终极挑战。自从源码守护者选拔赛以来，通过这关的候选者就寥寥无几。

⚫**布尔教授**：科技兔，哈希鼠，你们准备好了吗？

🐰**科技兔**：我准备好了！

🐭**哈希鼠**：我准备好了！

⚫**布尔教授**：这关试练需要输出九九乘法表。

🐰**科技兔**：九九乘法表，我会背，一一得一，二二得四……六七三十二……

🐭**哈希鼠**：六七四十二！

🐰**科技兔**：嘿嘿！对，是六七四十二。

⚫**布尔教授**：没有关系，不需要你们会背乘法表，计算机会自动进行计算。

🐰**科技兔**：对，可以使用计算器啊。

🐭**哈希鼠**：不是叫你用计算器，是计算能够在程序中完成。

互动课件　循环嵌套练习

```
1    1*1=1   1
2    2*1=2   2*2=4   2
3    3*1=3   3*2=6   3*3=9   3
4    4*1=4   4*2=8   4*3=12  4*4=16   4
5    5*1=5   5*2=10  5*3=15  5*4=20  5*5=25   5
6    6*1=6   6*2=12  6*3=18  6*4=24  6*5=30  6*6=36   6
7    7*1=7   7*2=14  7*3=21  7*4=28  7*5=35  7*6=42  7*7=49   7
8    8*1=8   8*2=16  8*3=24  8*4=32  8*5=40  8*6=48  8*7=56  8*8=64  8
9    9*1=9   9*2=18  9*3=27  9*4=36  9*5=45  9*6=54  9*7=63  9*8=72  9*9=81 9
```

每行几列？

⚫**布尔教授**：没错，我把内层循环的循环体先教给你们：

```
01 cout << i << "*" << j << "=" << i * j << " ";
```

科技兔：循环体这么复杂吗？

哈希鼠：这关代码该怎么写呢？

科技兔：交给我吧！

```
01 for (int i=1; i<=9; i++)
02 {
03     for (int j=1; j<=i; j++)
04     {
05         cout << i << "*" << j << "=" << i*j << " ";
06     }
07     cout << endl;
08 }
```

科技兔：只要仔细观察一下就能知道，九九乘法表本质上还是输出一个三角形，只不过每一行的内容被换成了公式。

科技兔：九九乘法表一共九行，所以外层总共循环九次，每一行公式的数量与所在行号相同，所以内层循环的判断条件为 j<=i，内层循环的循环体为：

```
01 cout << i << "*" << j << "=" << i * j << " ";
```

科技兔：i 正好是外层循环变量的值对应每一个式子的第 1 个乘数，j 从 1 循环到 i，所以正好能对应九九乘法表的每一行式子的第 2 个乘数，然后 i*j 又可以自动计算。我真是太有才了！

布尔教授：科技兔，你真是太棒了！没想到你对循环嵌套的认识已经这么深刻。

科技兔：那是当然！嘻嘻！

9.8 课堂总结

外层循环重复 10 次，内层循环重复 10 次，内层循环总共重复多少次？

外层循环重复 10 次，每当外层循环重复时，内层循环都会重复 10 次，所以内层循环的总次数为 10 * 10 = 100 次。

在打印"*"三角形时，内层循环条件怎么写？

当打印"*"三角形时，外层循环的次数就是打印三角形的行数，而每行打印"*"的个数与所在行号相等，所以内层循环的循环变量的判断条件为 j<=i;。

▌打印行数为 5 的"*"三角形，外层循环多少次？

若打印行数为 5 的"*"三角形，则外层循环变量必定循环 5 次，如 for(int i=1; i<=5; i++)，在这行代码中，i 的初始值为 1，判断条件为 i <= 5，步长为 1，总共循环 5 次，而打印"*"三角形时，三角形的行号就对应这外层循环的变量。

▌循环嵌套的内层可以调用外层变量吗？

循环嵌套分为外层循环和内层循环，内外层循环的变量名是不同的，内层循环中可以调用外层循环的变量，但外层循环不能调用内层循环的变量。

9.9 随堂练习

1. 外层循环次数为 5 次，内层循环次数为 3，外层、内层代码总共循环多少次？（　）

    A．5，15　　　　B．5，3　　　　C．15，15　　　　D．3，15

2. 在使用循环嵌套输出数字三角形的程序中，换行符应该写在什么位置？（　）

    A．外层循环的循环条件中　　　　B．外层循环的循环体中
    C．内层循环的循环条件中　　　　D．内层循环的循环体中

3. 下列程序执行后会输出什么内容？（　）

```
01 for (int i = 1; i < 3; i++)
02 {
03     for (int j = 0; j <= 2; j++)
04     {
05         cout << "A";
06     }
07     cout << "B";
08 }
```

A. AAAAAABB   B. AAABAAAB
C. ABABABAB   D. AABBAABB

4. 下列程序执行后会输出多少个"A"？（　）

```
01  for (int i = 0; i <= 5; i++)
02  {
03      for (int j = 1; j < 5; j++)
04      {
05          cout << "A";
06      }
07  }
```

A. 25   B. 24   C. 10   D. 28

5. 想要输出 5 行的 "*" 三角形，n 和 m 的值是多少？（　）

```
01  for (int i = 1; i < n; i++)
02  {
03      for (int j = 0; j <= m; j++)
04          cout << "*"<< " ";
05      cout << endl;
06  }
```

A. 5, i   B. 6, i-1   C. 6, i   D. 5, i+1

9.10　课后作业

1. 打印直角梯形（4204）。

2. 打印逆序直角梯形（4205）。

第10课　宝库守卫

　　大家好！通过前几节课的学习，大家是不是对循环有了更加深刻的理解？学会循环结构和嵌套结构，不但可以帮助我们解决很多复杂问题，还可以把复杂的代码简单化。

　　在前面的入门课程中，我们使用过 if 判断语句来解决判断正负数、判断奇偶数、判断大小这些简单的问题。那么，在本节课中我们将进一步运用 if 语句，来解决更加复杂的问题，比如找出几个数中的最大值或最小值，交换变量的值……是不是觉得这些问题听上去不是很难呀？真的吗？在本次任务——宝库守卫中，这些问题都会迎刃而解，让我们赶快进入吧。

- 3 个数中找出最大值
- 5 个数中找出最大值
- n 个数中找出最大值
- 交换两个变量的值

10.2　三个数中找出最大值

　　哈希鼠：科技兔，我问你一个问题，看你忘没忘。

　　科技兔：来呀！

　　哈希鼠：我有两个整数 a，b，怎么找出较大的那个数？

　　科技兔：太简单了。如果 a > b 就输出 a，否则输出 b，用 if-else 条件判断语句。这就像两个人比个子，看我比你高，我赢了！

互动课件 找出最大的数

```
if (a > b)
{
    cout << a;
}
else
{
    cout << b;
}
```

a   b

●哈希鼠：哼！如果是 3 个数 a，b，c 呢，你还会吗？答不出来，你就输了。

●科技兔：啊……这……让我想想……（3 个人比个子,谁最高谁就赢……那么，如果一个人比其他两个人高,那他就是最高的……）哦！我想到了！

●哈希鼠：什么呀？

●科技兔：如果 a > b > c，就输出 a；如果 b > a > c，就输出 b；如果 c > a > b，就输出 c。

●哈希鼠：你说的不算，我要看你的代码。

●科技兔：看就看，来！

```
01 if (a > b > c)
02 {
03     cout << a;
04 }
```

●哈希鼠：等等，你这样运行了之后，并没有输出 a 的值，假设 a，b，c 的值分别为 3，2，1，先执行 a>b，3>2 条件成立，返回真值（1），再拿 1 和 c 作比较，1>1 条件不成立，返回假值（0）。整个 if 的条件不成立，因此，不会输出 a 的值。

●布尔教授：在 if 的括号中，每次只能有两个数作比较，要保证 a 既大于 b，又大于 c，你应该写成：

```
01 if (a > b && a > c)
```

●科技兔：啊！我把这个忘了。我改一下。

```
01 #include <iostream>
```

```
02 using namespace std;
03 int main()
04 {
05     int a, b, c;
06     cin >> a >> b >> c;
07     if (a > b && a > c)
08     {
09         cout << a;
10     }
11     if (b > a && b > c)
12     {
13         cout << b;
14     }
15     if (c > a && c > b)
16     {
17         cout << c;
18     }
19     return 0;
20 }
```

●哈希鼠：看起来怪怪的……不好！这里有守卫！

10.3 宝库守卫

●哈希鼠：这个守卫身上带着三个数据芯片，其中最大的数是身后宝库的密码。

●科技兔：小菜一碟，我马上就把它抢过来。

目 关卡 2—10

关卡任务
找出守卫身上三个数字的最大值，破解宝库密码。

科技兔：（拍拍手）真简单！

哈希鼠：科技兔，我刚才发现你的方法有漏洞。如果三个数据一样大，你的代码就没有输出了。

科技兔：确实，我应该把"＞"改成"＞＝"，这样就好了。

哈希鼠：那输出不就变成三个 5 了吗？

科技兔：啊……确实是的，应该怎么办啊？

哈希鼠：我来教你。之前不是学过 if-else 判断语句，记得吗？

科技兔：嗯，记得，如果 if 括号里的表达式成立，就执行 if 下面的语句，否则就执行 else 下面的语句。

哈希鼠：说得对，但还有一种 else-if 语句，像这样：

```
01 if (a >= b && a >= c)
02 {
03     cout << a;
04 }
05 else if (b >= a && b >= c)
06 {
07     cout << b;
08 }
09 // 下面的代码
```

哈希鼠：else-if 语句的意思是：如果前面的 if 语句判断不成立，就来判断 else-if 语句括号内的表达式；如果前面的 if 语句判断成立，就跳过 else-if 语句，继续执行下面的代码。像上面这段代码，它会判断 a>=b && a>=c 这个表达式是否成立，如果成立，就输出 a，然后跳过 else-if 语句，继续执行下面的代码；如果这个表达式成立，就去判断 else-if 中的 b>=a && b>=c 表达式是否成立。科技兔，这次你应该知道怎么不让你的程序输出三个 5 了吧。

科技兔：懂了，用 else-if 语句就可以啦。

☑ 关卡 2-10 完美通关代码：

```
01 #include <iostream>
02 using namespace std;
03 int main()
04 {
```

```
05        attack();
06        int a, b, c;
07        cin >> a >> b >> c;
08        forward(3);
09        if (a >= b && a >= c)
10        {
11            cout << a;
12        }
13        else if (b >= a && b >= c)
14        {
15            cout << b;
16        }
17        else if (c >= a && c >= b)
18        {
19            cout << c;
20        }
21        return 0;
22  }
```

哈希鼠：这回对了，虽然能正确输出结果，但是你的方法笨笨的。

科技兔：我还能怎么办呢……

哈希鼠：那你来看下面这个问题。

10.4 五个数中找出最大值

哈希鼠：这回我要让你在五个数中找出最大的数。

科技兔：若用刚才的方法，应该写成：

```
01 if (a >= b && a >= c && a >= d && a >= e)
```

科技兔：好麻烦啊。这么长的判断语句要写五次。

哈希鼠：所以说你的方法很笨喽，我想到一个好方法。

科技兔：给我讲一讲吧。

哈希鼠：这个问题可以类比成 5 个人进行身高比赛，有一个"决斗场"

和"冠军领奖台"，先让一个人站到领奖台上，然后让其他人依次和领奖台上的人"决斗"，谁的身高更高，谁就站在冠军领奖台上，像下图这样：

互动课件　找出最高的小伙伴

哈希鼠：a 先站到冠军位置，然后 b 来和 a "决斗"，b 更高，b 就把 a 挤下去，站到冠军位置；接着是 c，d，e 来和冠军"决斗"；最后，身高最高的 e 就会站在冠军位置。

互动课件　找出最高的小伙伴

科技兔：我来试试……哎？好像还真是这样。

哈希鼠：这回你应该知道怎么在五个数字中找出最大值了吧。

科技兔：嗯嗯！先定义一个辅助变量 max_num，就像上面的"冠军领奖台"，然后让 max_num = a，接着让其他的数字来和 a "决斗"，最后 max_num 就是这五个数中最大的数字。我来写代码。

```
01 #include <iostream>
02 using namespace std;
03 int main()
04 {
```

```
05      int a = 3, b = 5, c = 4, d = 2, e = 6;
06      int max_num = a;
07      if (b > max_num)
08      {
09          max_num = b;
10      }
11      if (c > max_num)
12      {
13          max_num = c;
14      }
15      if (d > max_num)
16      {
17          max_num = d;
18      }
19      if (e > max_num)
20      {
21          max_num = e;
22      }
23      cout << max_num;
24      return 0;
25  }
```

●哈希鼠：这次你怎么不用 else-if 了呀？

●科技兔：哎，我想想……不对，就是要用 if，如果用 else-if，后面的 if 判断语句都不会执行了，那么后面更大的数字就没有机会上场了。

●哈希鼠：想不到你还挺聪明的。

10.5　三个数中找出最大值-改进

●哈希鼠：你改进一下之前在 3 个数中找最大值的方法吧。

●科技兔：嗯嗯！像这样：

```
01 #include <iostream>
02 using namespace std;
03 int main()
04 {
```

```
05        int a = 3, b = 5, c = 4;
06        int max_num = a;
07        if (b > max_num)
08        {
09            max_num = b;
10        }
11        if (c > max_num)
12        {
13            max_num = c;
14        }
15        cout << max_num;
16        return 0;
17 }
```

哈希鼠：不错，但你知道为什么这种方法更好吗？

科技兔：我知道，因为写的代码少。

哈希鼠：哈哈，确实，这种方法运行也更快。我们可以通过代码执行了几次判断（运算、赋值）语句来判断谁运行更快。判断是指"a > c"这样的语句，运算是指像"a + b""a && b"这样的语句，赋值语句是指像"a = 1;"这样的语句。你来数一数，这两种方法分别执行了几次这样的语句？

互动课件　三个数比大小——改进

```
if (a >= b && a >= c)     int max_num = a;
{
  cout << a;              if (b > max_num)
}                         {
if (b >= a && b >= c)       max_num = b;
{                         }
  cout << b;              if (c > max_num)
}                         {
if (c >= a && c >= b)       max_num = c;
{                         }
  cout << c;
}
```

科技兔：我先看看在最快的情况下它们各需要执行几次。在旧方法中，如果 a 是最大的数字，那么只需要判断一个 if，在这个 if 中需要判断 a >= b 和 a >= c，再让它们进行 && 运算，所以是 3 次。

科技兔：在新方法中，如果 a 是最大的数字，那么只需要进行两次 if 的判断，不需要再为 max_num 赋值，加上开始的"int max_num = a；"，也是 3 次。

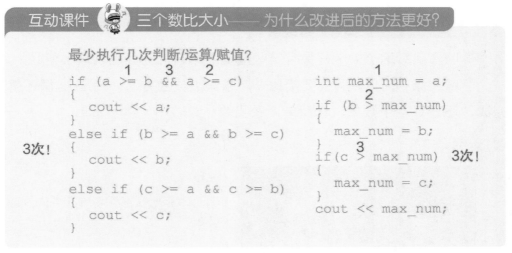

哈希鼠：你再来看看最坏的情况。

科技兔：最坏的情况就是 c 为最大的数字，在旧方法中，每一个 if 都要执行 3 次判断（运算）语句，共 3×3=9 次；在新方法中，每一个判断和赋值语句只执行一次，共 5 次。

互动课件 三个数比大小——为什么改进后的方法更好？

最少执行几次判断/运算/赋值？

```
        1      3      2
if (a >= b && a >= c)                int max_num = a;
{                                              2
    cout << a;                       if (b > max_num)
}       4      6      5              {
else if (b >= a && b >= c)                max_num 3 b;
{                                    }             4
9次!    cout << b;                   if(c > max_num)       5次!
}       7      9      8              {
else if (c >= a && c >= b)                max_num 5 c;
{                                    }
    cout << c;                       cout << max_num;
}
```

哈希鼠：算对了，在最好的情况下，旧方法和新方法都是 3 次，但是在最坏的情况下，旧方法比新方法多了 4 次。你以后再遇到这种问题的时候会用哪种方法呢？

科技兔：当然是新方法啦，旧的方法太笨了。

哈希鼠：我们试试用新方法来解开这个宝库的密码吧！

10.6 n个数中找出最大值

哈希鼠：这个关卡好像有一些重复的路径，而且是求最小值。

科技兔：简单，只需要类比一下求最大值的方法。用 for 循环就可以完成，还只有 4 个数据。真简单，看我的！

关卡 2-11

关卡任务
找出四台电脑中数字的最小值,破解宝库密码。

关卡 2-11 完美通关代码:

```
01 #include <iostream>
02 using namespace std;
03 int main()
04 {
05     int a, min = 9999;
06     for (int i = 1; i <= 4; i++)
07     {
08         forward(1);
09         cin >> a;
10         if (a < min)
11         {
12             min = a;
13         }
14         right();
```

```
15          forward(1);
16          left();
17      }
18      cout << min;
19      return 0;
20 }
```

🔵哈希鼠：漂亮！我们离能源仓库又近了一步。

🔵科技兔：耶！等等，我好像发现了什么不得了的东西。

🔵哈希鼠：什么呀？

🔵科技兔：既然我们刚才用 for 循环读取了 4 个数据，也就是说，我们通过利用 for 循环是不是可以想读取多少个数据，就读取多少个数据呀？

🔵哈希鼠：嗯，是这样的，我们可以试试在 n 个数中找出最大的数字。先输入一个 n，然后再依次输入这 n 个数字，最后输出这 n 个数中最大的数字。

```
01 #include <iostream>
02 using namespace std;
03 int main()
04 {
05     int n;
06     cin >> n;   // n 表示准备输入多少个数字
07     // 应该如何在 n 个数中找出最大的数字呢？请你补全代码
08
09     return 0;
10 }
```

🔵科技兔：我准备利用我们刚才讨论出的方法，设置一个辅助变量 max_num 存储最大的数字。然后利用 for 循环依次读入数字并和这个 max_num 进行比较；如果新读入的数字较大，就更改 max_num 的值，让 max_num 的值等于新读入的数字，直到所有数字全都输入完成；最后输出这个 max_num 就可以了。

🔵哈希鼠：可以呀，科技兔，这么快就想出来了，我们把代码写出来吧。

🔵科技兔：好嘞！

```
01 #include <iostream>
02 using namespace std;
```

```
03  int main()
04  {
05      int n;
06      cin >> n;  // n 表示准备输入多少个数字
07      int max_num = 0, b = 0;
08      for (int i = 1; i <= n; i++)
09      {
10          cin >> b;
11          if (b > max_num)
12              max_num = b;
13      }
14      cout << max_num;
15      return 0;
16  }
```

哈希鼠：完全正确，漂亮！

10.7 交换变量的值

哈希鼠：科技兔，我突然想考考你。

科技兔：考我什么呀？

哈希鼠：我改变规则，"三个数中找出最大值"的问题中，我不允许你用 max_num 的辅助变量，你要通过交换 a，b，c 的数值，使 a 成为最大的数字，最后输出 a，再输出 b 和 c。

科技兔："交换"是什么意思呀？

哈希鼠：就是如果 a = 1，b = 2，交换 a，b 的值就是让 a = 2，b = 1。

科技兔：就这？看我给你露一手，不就是"a = b；b = a；"嘛。

```
01  #include <iostream>
02  using namespace std;
03  int main()
04  {
05      int a = 1, b = 2, c = 3;
06      if (b > a)
07      {
08          a = b;
09          b = a;
```

```
10          }
11      if (c > a)
12      {
13          a = c;
14          c = a;
15      }
16      cout << a << endl;
17      cout << b << endl << c;
18      return 0;
19  }
```

●哈希鼠：（笑）你自己检查一下，看一看你的程序会输出什么？

●科技兔：我看看，如果 b 大于 a，那么 a 就等于 2，b 等于 a，也就是 2；如果 c 大于 a，那么 a 等于 3，c 等于 a，也就是 3，最后输出 a，再输出 b，c，所以它会输出：

```
3
2
3
```

●科技兔：咦，1 去哪了？怎么输出两个 3？

●哈希鼠：问题在于：

```
a = b;
b = a;
```

●哈希鼠：这里，a 等于 2 之后，b = a;的语句会让 b 也等于 2，而不是 1，这样是没法交换数字的。就像我这里有一杯橙汁，一杯可乐，两杯饮料交换一下，你能直接把橙汁往可乐里面倒吗？

●科技兔：是哦，需要另一个空杯子，把橙汁倒进空杯子，然后把可乐倒进之前装橙汁的杯子，最后把橙汁倒进之前装可乐的杯子，这样才能交换。

互动课件　交换数值——倒饮料

🐰科技兔：我知道了，应该这样写代码：设置一个辅助变量 t 作为空杯子，然后把 a 倒进 t 中，b 倒进 a 中，最后 t 倒进 b 中，就可以了。

```
01 #include <iostream>
02 using namespace std;
03 int main()
04 {
05     int a = 1, b = 2, c = 3;
06     int t = 0;  // 辅助变量 t 作为空杯子
07     if (b > a)
08     {
09         t = a;
10         a = b;
11         b = t;
12     }
13     if (c > a)
14     {
15         t = a;
16         a = c;
17         c = t;
18     }
19     cout << a << endl;
20     cout << b << endl << c;
21     return 0;
22 }
```

🐭哈希鼠：答案正确。这样才能正确地交换两个数的数值。我们除了使用辅助变量法，还可以通过两两交换数值的方法，来筛选出几个数中的最大值。现在我们来总结今天学习的知识吧。

10.8 课堂总结

❘ **如何在很多个数字中找最大值？请说出两种方法。**

方法一：判断一个数是否比其他的数都大。

方法二：辅助变量法。

1．设置一个辅助变量 max_num；

2．让其中一个数等于 max_num；

3．其他数字依次与 max_num 比较，让 max_num 等于更大的数字；

4．输出 max_num。

找最大值的两种方法中哪种更好？为什么？

方法二辅助变量法更好，因为需要的操作次数远小于方法一。

如何交换两个变量 a，b 的数值？

1. 设置辅助变量 t
2. 让 t = a;
3. 让 a = b;
4. 让 b = t;

小朋友们，大家有没有掌握本节课的知识内容呢？接下来，进入随堂测试环节，检验一下大家的学习状况吧。

10.9 随堂练习

1. 想要交换变量 a，b 的值，哪种交换顺序是对的？（ ）

    A．a，b = b，a;　　　　　　　B．a = b; b = t; t = a;

    C．a = b; b = a;　　　　　　　D．t = a; a = b; b = t;

2. 如何在三个数中找最大值？（ ）

    A．a > b > c，a 就是最大值

    B．先选一个数，再用其他的数和它比，如果比它大就用新的数字替换掉它

    C．取两个数，更大的就是最大值

    D．以上都不对

10.10 课后作业

1. 求极差/最大跨度值（1181）。
2. 最高的分数（2027）。

第11课　循环嵌套应用

同学们好！欢迎来到科技兔编程第11课"循环嵌套应用"。

在前面的课中，我们学习了通过控制 for 循环嵌套的变量，实现了打印"*"三角形、数字三角形，并输出我们常见的九九乘法表，同学们还记得吗？在我们刚刚学习 for 循环时，会感到非常抽象，但 for 循环是一个非常有趣的编程技巧，它能帮助我们实现更多有趣的功能。

在了解 for 循环嵌套的应用后，我们已经能够实现打印基础的几何图形，比如通过控制循环嵌套的内外层循环次数打印矩形，外层循环变量代表矩形的行号，内层循环变量代表矩形的列号。

在打印"*"三角形时，需要改变内层循环的变量，来实现每行打印不同数量的"*"。

在今天的课程中，我们将学习如何打印倒立三角形。倒立三角形是编程中一个很有趣的应用场景，通过这个例子，大家将学习如何使用 for 循环嵌套来解决更有趣的问题。

除此之外，我们还会学习其他更有趣的应用，那么让我们开始新的学习吧。

- 打印倒立三角形
- 三角形中的行和列与内外层变量的对应关系
- 打印由连续数字组成的三角形
- 倒序输出九九乘法表

关卡 2-12

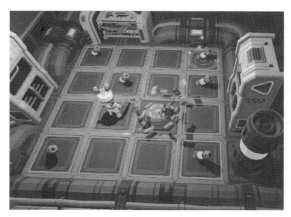

关卡任务

规划合理路线，使用 collect() 代码拾取所有能量电池。

科技兔：成功了！这里就是能源仓库。

哈希鼠：留给我们的时间不多。规划一条合理的路线，用最短代码捡走所有的能量电池。

科技兔："捡钱"喽！

哈希鼠：你发现规律了吗？

科技兔：第一次只前进 1 步，右转。第二次需要前进 2 步，右转，并且重复两次。第三次需要前进 3 步，右转，并且重复三次。

哈希鼠：可别忘了在右转前要"捡钱"哟！

科技兔：这我怎么可能会忘。

互动课件　帮帮科技兔

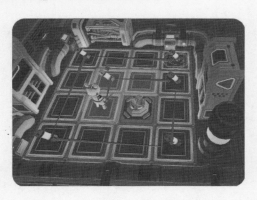

向前1步，右转

向前2步，右转
向前2步，右转

向前3步，右转
向前3步，右转
向前3步，右转

☑ 关卡 2-12 完美通关代码：

```
01 #include <iostream>
```

```
02  using namespace std;
03  int main()
04  {
05      for (int i = 1; i <= 3; i++)
06      {
07          for (int j = 1; j <= i; j++)
08          {
09              forward(i);
10              collect();
11              right();
12          }
13      }
14      return 0;
15  }
```

11.3 打印 "@" 三角形

●布尔教授：我们来复习一下之前打印 "＊" 三角形的内容吧。（虚拟布尔教授助手上线）

●科技兔：这也太简单了，有必要复习吗？

●布尔教授：好吧，那你说说如何打印 "＊" 三角形。

●科技兔：额……

●布尔教授：哈希鼠，你来说说。

●哈希鼠：打印 "＊" 三角形的代码如下：

```
01  #include<iostream>
02  using namespace std;
03  int main()
04  {
05      for(int i=1; i<=3; i++)
06      {
07          for(int j=1; j<=i; j++)
08          {
09              cout << "*" << " ";
10          }
```

```
11          cout << endl;
12       }
13     return 0;
14 }
```

●布尔教授：不错！如果要打印"@"三角形呢？

●哈希鼠：只要将内层循环的输出语句中的"＊"替换成"@"即可。内层循环里具体的输出语句的具体代码为：

```
01 cout << "@" << " " ;
```

●科技兔：哈希鼠真是太厉害了！

●布尔教授：掌握得不错！我们来复习一下打印三角形的执行顺序吧。

●布尔教授：首先，外层总共循环三次，内层每次循环 i 次。

●布尔教授：外层在第一次循环时，i=1，所以内层循环次数为 1 次，打印一个"@"。

●布尔教授：请问内层循环执行的具体流程是怎样的呢？你能具体说说吗？

●哈希鼠：首先执行 j=1，将 j 赋值为 1，再执行 j<=i 的判断，判断为真，向下执行，打印一个"@"；然后执行 j++，这时 j 的值就是 2，再执行 j<=i，判断为假，跳出内层循环。

●哈希鼠：内层循环结束之后，内层循环变量 j 会被释放，然后继续向下执行换行。

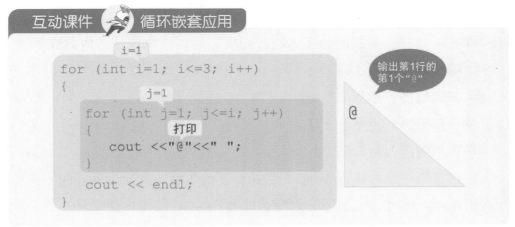

●布尔教授：接下来呢？

🐭哈希鼠：因为外层循环的循环体执行完毕，所以接下来执行 i++，使 i 自增 1，这时候 i 的值为 2，执行 i<=3，判断为真，执行第二次循环。

🐭布尔教授：这次的内层循环呢？

🐭哈希鼠：因为这次外层循环中 i 的值为 2，所以内层循环中的判断条件就是 j<=2，即内层循环一共循环两次，打印两个"@"。

🐭哈希鼠：同样，在打印两个"@"之后，就开始执行 j++，此时 j 的值为 3，执行判断 j<=i;，判断为假，跳出循环。

🐭哈希鼠：内层循环结束之后，内层循环变量 j 会被释放，然后继续向下执行换行。

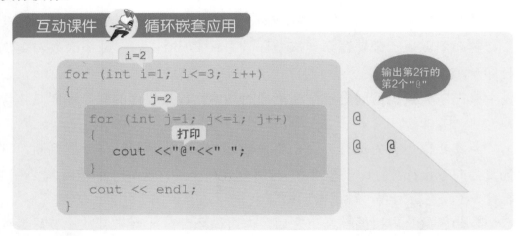

🐭布尔教授：那么接下来第三次循环就由科技兔来说说吧。

🐰科技兔：好的……

🐭布尔教授：第二次循环体执行完成之后，该执行什么内容呢？

🐰科技兔：执行 i++。

🐭布尔教授：然后呢？

🐰科技兔：i 就等于 3 了。

🐭布尔教授：然后呢？

🐰科技兔：然后执行 i<=3。当执行 i<=3 后，判断为真，向下执行，执行内层循环，这时内层循环的判断条件为 j<=3，使用内层循环三次，输出三个"@"，之后跳出循环，释放 j，向下执行打印一个换行。

互动课件　循环嵌套应用

```
i=3
for (int i=1; i<=3; i++)
{
            j=3
    for (int j=1; j<=i; j++)
    {        打印
        cout <<"@"<<" ";
    }
    cout << endl;
}
```

输出第3行的
第3个"@"

@

@   @

@   @   @

科技兔：然后，执行 i++。

科技兔：i=4。

科技兔：因为 i<=3;，所以释放 i。

布尔教授：我知道了，看样子你也基本掌握了三角形的打印。

布尔教授：总之，你们掌握得都很不错，接下来可以继续学习新的内容吧。

科技兔：我准备好了。

哈希鼠：我准备好了。

11.4　打印 n 行三角形

布尔教授：刚刚打印的三角形的高度为 3。

布尔教授：思考一下，有办法通过键盘输入数据来控制三角形的高度吗？

科技兔：直接手动更改。

哈希鼠：手动更改太麻烦了。若只打印一两次还好，后续一直需要不同高度的三角形，难道需要把打印所有高度的三角形的代码全写一遍吗？

科技兔：原来如此！

布尔教授：我可以给你们一个提示，在之前的关卡中我们学习过 cin 指令，这个指令可以让我们从电脑中读取数据。可不可以通过这个指令从键

盘获取数据呢？

🐰 科技兔：我想到了，可以定义一个变量，并通过 cin 获取这个变量的值。

⚫ 布尔教授：该怎么设置这个值呢？

🐰 科技兔：在之前打印矩形的时候，我们了解到，外层循环 i 的值代表的是矩形的行号，内层循环 j 代表的是矩形的列号。

🐰 科技兔：如果想要控制打印三角形的行数为 n，则需设置循环嵌套的外层循环循环 n 次。

🐰 科技兔：所以代码应该这样写：

```
01 #include<iostream>
02 using namespace std;
03 int main()
04 {
05     int n;
06     cin >> n;
07     for(int i=1; i<=n; i++)
08     {
09         for(int j=1; j<=i; j++)
10         {
11             cout << "@" << " " ;
12         }
13         cout << endl;
14     }
15     return 0;
16 }
```

⚫ 布尔教授：没错，我们可以在循环外定义一个变量 n，并通过 cin 获取 n 的值，再将外层循环变量 i，设置为从 1 循环到 n；内层循环保持不变，还是从 1 循环到 i，就能实现从键盘获取三角形的高度值，并实现打印啦。

11.5　打印倒立三角形

⚫ 布尔教授：接下来，提升难度了哦。

⚫ 布尔教授：思考一下，如何打印倒立三角形呢？

●哈希鼠：打印倒立三角形？

●科技兔：好像有点困难。

●布尔教授：我们先来分析一下吧。

●布尔教授：首先，我们可以看到倒立三角形一共三行，所以外层循环一共循环三次。

●布尔教授：在第一次循环的时候，怎么设置内层循环才能达到打印三个"@"的效果呢？

●科技兔：第一次循环代表的是第一行，此时打印了三个"@"，说明内层循环的次数为三次。

●布尔教授：再看看第二行是怎么设置的呢？

●科技兔：第二层代表的是外层循环的第二次循环，第二行打印了两个"@"，说明打印第二行时，内层循环一共循环了两次。

●科技兔：同理，第三行正好打印了一个"@"，说明打印第三行时，内层循环一共只循环了一次。

●布尔教授：你们发现其中有什么规律吗？

●科技兔：打印倒立三角形，本质上就是倒序输出正序的三角形，在第一行打印正序三角形的最后一行，在第二行打印正序三角形的倒数第二行，在最后一行打印正序三角形的第一行。

●科技兔:而且外层循环变量又正好代表着行数，所以只要将外层循环变量设置为倒序输出。

互动课件　循环嵌套的变量

首先分析一下打印倒立三角形

@　　@　　@
@　　@
@

1:三角形一共3行，则外层循环一共循环3次

2:第1行打印3列"@"，即内层循环3次

3:第2行打印2列"@"，即内层循环2次

4:第3行打印1列"@"，即内层循环1次

●**布尔教授**：没错，具体代码该怎么写呢？

●**哈希鼠**：我来！

```cpp
01  #include<iostream>
02  using namespace std;
03  int main()
04  {
05      for(int i=3; i>=1; i--)
06      {
07          for(int j=1; j<=i; j++)
08          {
09              cout << "@" << " " ;
10          }
11          cout << endl;
12      }
13      return 0;
14  }
```

●**布尔教授**：写得不错！这个代码正好能输出高为 3 的"@"倒立三角形。哈希鼠，你能介绍一下写这个程序的思路吗？

●**哈希鼠**：当然可以！

●**哈希鼠**：首先，是外层循环，我将外层循环的变量 i 设置为从 3 递减到 1，一共打印 3 行。

●**哈希鼠**：其次，内层循环变量 j 从 1 递增到 i，就能实现每行打印 i 个"@"的效果啦。

●**布尔教授**：嗯，不错，你说得很好！

布尔教授：如果想通过键盘输入的数据来控制三角形的高呢？我们该如何设置？

科技兔：这还不简单！刚刚我们已经学习如何将键盘的数据输入控制三角形。可以直接通过在循环外层定义一个变量 n，再使用 cin 指令从键盘获取数据，最后将外层循环的变量 i 从 n 递减到 1，总共打印 n 行。内层循环保持不变，还是从 1 循环到 i，每行打印 i 个 "@"。

```cpp
01 #include <iostream>
02 using namespace std;
03 int main()
04 {
05     int n;
06     cin >> n;
07     for (int i = n; i >= 1; i--)
08     {
09         for (int j = 1; j <= i; j++)
10         {
11             cout << "@"
12                  << " ";
13         }
14         cout << endl;
15     }
16     return 0;
17 }
```

11.6 打印数字三角形

布尔教授：将外层循环的变量设置为递减就能打印倒立三角形，同时通过 cin 可以从键盘获取数据，实现控制打印三角形的高度值。

布尔教授：接下来，我们继续学习数字三角形的打印吧。

布尔教授：在之前的试练中我们学习过数字三角形的打印，但今天我们学习的数字三角形打印有些不同。

布尔教授：我们之前学习过打印数字代表行号的三角形。

同一行数字相同　　　　　　同一列数字相同

●布尔教授：大家发现什么规律吗？

●科技兔：有很多数字。

●布尔教授：是的，有很多数字。

●科技兔：这些数字看起来乱糟糟的。

●哈希鼠：虽然看起来乱糟糟的，但依然有迹可循。

●科技兔：我好像发现什么了。

●布尔教授：说说看。

●科技兔：右边打印出来的数字三角形，第一列全是1，第二列全是2，第三列全是3。左边打印出来的数字三角形，第一行是1，第二行全是2，第三行全是3。

●科技兔：由此可见，右边三角形，每次打印的数字代表着当前的列号，左边三角形每次打印的数字代表着当前所在的行号。

●布尔教授：我们可以看到，在打印由数字代表行号的数字三角形的时候，内层循环体输出的是变量 i，但如果将内层循环的循环体输出的内容设置为 j，那么我们将得到一个由数字表示列号的数字三角形。

●布尔教授：如果我想从键盘获取行数，输出数字三角形，该怎么进行设置呢？

●科技兔：又来了！

●哈希鼠：同样，先在循环外定义一个整型变量，然后通过 cin 指令从键盘获取数据。再将外层循环的变量 i 设置为从1递增到n。内层循环保持不变，就能达到通过键盘获取高度值，实现打印数字三角形的效果。

```
01 #include <iostream>
02 using namespace std;
03 int main()
04 {
05     int n;
06     cin >> n;
07     for (int i = 1; i <= n; i++)
08     {
09         for (int j = 1; j <= i; j++)
10         {
11             cout << j << " ";
12         }
13         cout << endl;
14     }
15     return 0;
16 }
```

●布尔教授：根据内层循环体输出的变量不同，得到的数字三角形也不同。输出 i 代表行号，输出 j 代表列号。

●布尔教授：内层循环既能调用外层循环的变量，也能调用内层循环的变量。所以外层变量的作用范围包括内层循环。

●布尔教授：看来你们对此已将掌握得差不多了。我们再来看看打印三角形的进阶操作吧！

●科技兔：我已经等不及了！

11.7 打印连续数字三角形

●布尔教授：根据输出的是内层变量还是外层变量，我们能生成多种不同的数字三角形。

●布尔教授：若输出的变量在循环的外面会怎样？

●科技兔：输出的变量在循环的外面？

●哈希鼠：刚刚我们定义的变量不就是在外面吗？

●**布尔教授**：这次我们继续在循环外面定义一个变量在循环内进行输出，看一看会有什么效果。

●**科技兔**：我来试试。

```cpp
01 #include <iostream>
02 using namespace std;
03 int main()
04 {
05     int num = 1;
06     for (int i = 1; i <= 3; i++)
07     {
08         for (int j = 1; j <= i; j++)
09         {
10             cout << num++ << " ";
11         }
12         cout << endl;
13     }
14     return 0;
15 }
```

●**科技兔**：打印出来的数字既不是行数也不是列数，而是一串连续的数字。

●**布尔教授**：科技兔，这次轮到你来介绍这个代码的思路。

●**科技兔**：包在我身上！

●**科技兔**：首先在循环外部定义一个变量 num，并将 num 赋值为 1。

●**科技兔**：然后就是外层循环，将其变量 i 设置为从 1 自增到 3，总共打印三行。

●**科技兔**：内层循环 j 则从 1 递增到 i，每行打印 i 次。

●**科技兔**：内层循环的循环体则设置为输出 mum++。

●**哈希鼠**：为什么是 num++ 呢？不应该是直接输出 num 吗？

●**科技兔**：嘿嘿！这你就不懂了吧。

●**哈希鼠**：别卖关子，快说！

●**科技兔**：哎！痛，别揪脸！

科技兔：我说，如果只输出 num，那么每次输出的值就全部是相同的值。我们初始化的 num 的值为 1，如果我们只输出 num，那么最终得到的就是一个由 1 组成的三角形。

哈希鼠：也就是我们在输出 num 的值之后，需要改变 num 的值。

科技兔：是的。

哈希鼠：你为什么要使用 num++？

科技兔：你仔细思考一下，num++表示的是先输出 num，再将 num 进行自增。

科技兔：在下一次循环的时候，输出的 num 就是上一次循环自增过的值。

科技兔：比如，第一次循环输出的 num 是 1，然后 num 自增 1，第二次循环输出的就是 2，接着 num 再自增 1，下一次循环输出的就是 3……

哈希鼠：原来如此！没想到你还挺聪明的嘛！

科技兔：那是当然！

布尔教授：科技兔这次表现得不错！奖励你把通过键盘获取行数来输出连续数字组成的三角形的代码也写出来。

科技兔：这算什么奖励啊？

布尔教授：开玩笑的，这个不是奖励，是任务。

布尔教授：奖励暂时保密，不过可以透露的是，这个奖励可以帮助你成为更优秀的源码守护者。

科技兔：稍微有点期待了。

科技兔：通过键盘获取由连续数字组成的三角形的代码也不复杂：

```
01 #include <iostream>
02 using namespace std;
03 int main()
04 {
05     int n;
06     int num = 1;
07     cin >> n;
08     for (int i = 1; i <= n; i++)
09     {
10         for (int j = 1; j <= i; j++)
11         {
12             cout << num++ << " ";
13         }
14         cout << endl;
15     }
16     return 0;
17 }
```

11.8 倒序输出九九乘法表

布尔教授：在循环外定义并初始化的变量，循环结束后值也不销毁。

布尔教授：内层循环能调用循环外的变量。所以循环外变量的作用域包括内层循环。

科技兔：又学到好多东西。我感觉我越来越强了！嘿嘿！

布尔教授：接下来是终极挑战，倒序输出九九乘法表！

布尔教授：内层循环的循环体是：

```
01 cout << i << "*" << j << "*" << i * j << " ";
```

科技兔：倒序输出？

布尔教授：有什么不懂的吗？

互动课件　循环嵌套练习

倒立三角形	倒序输出九九乘法表

倒立三角形

☆☆☆☆☆☆☆☆☆
☆☆☆☆☆☆☆☆
☆☆☆☆☆☆☆
☆☆☆☆☆☆
☆☆☆☆☆
☆☆☆☆
☆☆☆
☆☆
☆

倒序输出九九乘法表

9*1=9	9*2=18	9*3=27	9*4=36	9*5=45	9*6=54	9*7=63	9*8=72	9*9=81
8*1=8	8*2=16	8*3=24	8*4=32	8*5=40	8*6=48	8*7=56	8*8=64	
7*1=7	7*2=14	7*3=21	7*4=28	7*5=35	7*6=42	7*7=49		
6*1=6	6*2=12	6*3=18	6*4=24	6*5=30	6*6=36			
5*1=5	5*2=10	5*3=15	5*4=20	5*5=25				
4*1=4	4*2=8	4*3=12	4*4=16					
3*1=3	3*2=6	3*3=9						
2*1=2	2*2=4							
1*1=1								

科技兔：就是先输出 9*1=9……一直输出到 1*1=1 吗？

布尔教授：没错。

科技兔：我想想……

哈希鼠：你慢慢想吧，我已经写出来了：

```
01 #include <iostream>
02 using namespace std;
03 int main()
04 {
05     for(int i=9; i>=1; i--)
06     {
07         for(int j=1; j<=i; j++)
08         {
09             cout << i << "*" << j
10                 << "=" << i*j <<" ";
11         }
12         cout << endl;
13     }
14     return 0;
15 }
```

科技兔：这么快！

布尔教授：说说你的思路吧。

哈希鼠：首先是外层循环，将外层循环变量 i 设置为从 9 递减到 1，打印 9 行。

哈希鼠：然后是内层循环，将内层变量 j 设置为从 1 递增到 i，每行打印 i 列。

布尔教授：是的，哈希鼠表现得不错。

布尔教授：接下来，观察一下倒序输出九九乘法表，和打印倒序三角形有什么异同呢？

科技兔：我知道！

布尔教授：科技兔，你来说说。

科技兔：内层循环的循环体不同，打印三角形的时候，内层循环体是：

```
01 cout << "@" << " " ;
```

科技兔：而在倒序输出九九乘法表的时候，循环体为：

```
01 cout << i << "*" << j << "=" << i * j << " ";
```

布尔教授：没错！看起来，打印的是倒序九九乘法表，其实与打印倒立三角形没有区别。打印倒立三角形，每次输出的是"@"，而打印倒序九九乘法表输出的是"9*1 = 9"这种式子。

布尔教授：经过这节课的学习，我们成功掌握了许多 for 循环嵌套的应用。

布尔教授：接下来，我们总结今天学习的内容吧。

11.9　课堂总结

打印倒序三角形的时候，外层循环变量是递增还是递减？

打印倒序三角形的时候，循环嵌套的变量与打印正序三角形时正好相反。打印正序三角形时，外层循环变量 i 从 1 递增到 n，内层循环变量 j 从 1 递增到 i；而在打印倒序三角形时，外层循环变量 i 从 n 递减到 1，内层循环变量保持不变。

如何通过输入数据控制三角形的高呢？

为了能够控制打印的三角形的高，需要从键盘获取值，这时可以在循环外定义一个变量 n，并使用 cin 指令获取 n 的值，并将外层循环变量 i 设置为从 1 递增到 n。

> 打印由连续数字组成的三角形时输出的值需要在哪里定义？

在打印由连续数字组成的三角形时，输出的值需要在循环外定义。

> 正序与倒序输出九九乘法表的区别是什么？

正序与倒序输出九九乘法表在代码上的区别在于外层循环遍历的顺序不同：正序打印时，外层循环变量 i 是从 1 递增到 n；倒序打印时，外层循环变量 i 是从 n 递减到 1。

11.10 随堂练习

1. 打印由连续数字组成的三角形时，内层循环的循环体是什么？（ ）

```
A．cout << num << " ";
B．cout << num++ << " ";
C．cout <<  j  << " ";
D．cout <<  i  << " ";
```

2. 在打印倒立"@"三角形时，外层循环次数为 7 次，请问第二行打印"@"的个数是？（ ）

```
A．6            B．7            C．28           D．8
```

3. 打印高为 5 的三角形，对于外层循环变量的代码书写正确的是（ ）。

```
A．int i = 0 ; i < 4; i++
B．int i = 1 ; i <= 5; i++
C．int i = 0 ; i <= 5; i++
D．int i = 1 ; i < 5; i++
```

4. 运行下列代码，输入 2，程序会输出什么内容？（ ）

```
01 int n;
02 cin >> n;
03 for (int i = n; i >= 1; i--)
04 {
05      for (int j = 1; j <= i; j++)
06          cout << "@";
```

```
07        cout << endl;
08 }
```

A.@ @   B. @ @   C. @   D.   @
       @   @   @ @   @ @

11.11 课后作业

1．循环嵌套：简单（2104）。

2．循环嵌套：进阶（2105）。

3．打印菱形（4207）。

第 12 课　复习小结 3

12.1　开场

各位同学好！第 3 阶段的复习环节准时来到啦！

在这一节课，我们的老朋友循环及循环嵌套会再次与我们见面，但是不一样的应用也会随之出现，在复习的同时也增强我们的知识应用能力。现在就让我们一起开始吧。

- 累加求和、累乘求积
- 二进制与十进制
- 循环嵌套综合应用

12.2　有规律的图案

布尔教授：科技兔非常喜欢有规律的图案，现在他手上有若干个 "*" 和 "#"，想要摆出 m 行 n 列的 "*" 矩阵，并在每一行 "*" 的两端分别放置一个 "#"，请你帮他输出这个矩阵。

例如，当 m=3，n=4 时，输出的矩阵为：

```
#****#
#****#
#****#
```

科技兔：这个图案看起来有些熟悉。我想起来了，在学习循环嵌套的时候就打印过这个图形，唯一的区别是每行没有两边的 "#"。

布尔教授：没错！想必你对这一块已经非常熟练。那就去掉第一列与最后一列，先打印出中间这部分吧。

```
01 #include <iostream>
02 using namespace std;
03 int main()
```

```
04 {
05     for(int i=1; i<=3; i++)
06     {
07         for(int j=1; j<=4; j++)
08         {
09             cout << "*";
10         }
11         cout << endl;
12     }
13     return 0;
14 }
```

科技兔：中间部分的代码已完成，那么剩下的两边部分怎么解决呢？

哈希鼠：仔细观察，"#"的位置是固定的，位于每一行的行首和行末，也就是每一行第一个"*"之前和最后一个"*"之后，按照循环嵌套的执行顺序，这个位置应该比较好确定吧。

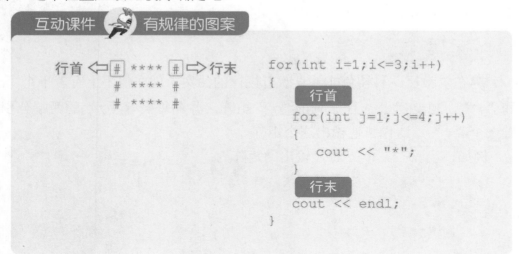

科技兔：我知道了。内层循环开始就代表一行的开始，只需要在内层循环之前加上输出"#"的代码。同理，内层循环结束就是一行的结束，在内层循环之后加上输出"#"的代码。这样就可以输出行首和行末的"#"啦！

布尔教授：你们两理思路配合得很好，接下来完成这道题目的代码吧。注意输出 m 行 n 列的矩阵。

```
01 #include <iostream>
02 using namespace std;
```

```
03 int main()
04 {
05     int m, n;
06     cin >> m >> n;
07     for (int i = 1; i <= m; i++)
08     {
09         cout << "#";
10         for (int j = 1; j <= n; j++)
11         {
12             cout << "*";
13         }
14         cout << "#";
15         cout << endl;
16     }
17     return 0;
18 }
```

哈希鼠：当然！内循环之后的 cout << "#"; 和 cout << endl; 可以合并成一句代码：cout << "#"<< endl;。

12.3 累加求和

布尔教授：科技兔，这里有一个数学问题考考你。

科技兔：没问题，数学可是我的强项。

布尔教授：请你计算出 1+2+3+4+5+…+97+98+99+100 的和。

科技兔：让我先算一算吧。（紧急计算中……）

哈希鼠：5050。

科技兔：你怎么计算得这么快？

哈希鼠："数学王子"高斯的故事会告诉你，1+100=101，2+99=101，…，49+52=101，50+51=101，一共 50 组，最后结果当然是 101*50=5050。

布尔教授：对，这是一种巧妙的方式。科技兔，你打算怎么计算呀？

科技兔：直接一个一个加，1+2=3，3+3=6，6+4=10……

布尔教授：哈希鼠的想法更贴近于数学思维，而科技兔的想法与计算机不谋而合了。这样的思路又怎样用代码来实现呢？先从简单的例子开始吧。

布尔教授：如果现在需要计算 1~10 之间所有数字的和，我们需要先申请一个存储总和的变量 sum，并且一定要注意 sum 初始化的值为 0。就像往一个球筐里面不断放入篮球并统计个数，一开始球筐里面要为空，才能保证最终统计的篮球数量是实际的值。

```
01 int sum = 0;
```

布尔教授：接下来，开始依次加入每个数字，数字 1 先加入变量 sum 中，那么 sum 的值就增加 1，sum 此时为 1，简单来说，就是 sum 自增了 1。这个代码怎么实现啊？

科技兔：sum=sum+1;或者 sum++;或者 sum+=1;。

布尔教授：接着就轮到数字 2，将 2 加入 sum 中更新 sum 的值，经过上一轮的计算，sum=1 再增加 2 就是 3；继续加入数字 3，sum 更新为 6；再加入数字 4，更新为 10……最后加入数字 10，得到最终的结果 sum=55。注意，每一次 sum 的值都被更新，因此可以计算出最终的和。

互动课件　1~10求和

1.申请一个求和的变量sum,赋初始值为0。

2.将数字1增加到sum变量中，结果存储在sum中。

3.将数字2增加到sum变量中，结果存储在sum中。

4.将数字3增加到sum变量中，结果存储在sum中。

……

11.将数字10增加到sum变量中，结果存储在sum中,得到最终的和。

科技兔：确实跟我的思路是一样的。代码怎么写呢？

布尔教授：根据刚刚的思路，可以一步一步地写出下面的代码：

```
01 int sum = 0;
02 sum = sum + 1;
```

```
03 sum = sum + 2;
04 sum = sum + 3;
05 sum = sum + 4;
06 sum = sum + 5;
07 sum = sum + 6;
08 sum = sum + 7;
09 sum = sum + 8;
10 sum = sum + 9;
11 sum = sum + 10;
12 cout << sum;
```

●哈希鼠：好像又有简化的空间，sum=sum+1;到sum=sum+10;这一段代码可以借助for循环简化，每次增加的数字正好是1~10里面的数字。

●科技兔：对，我也发现了。这只是计算1~10之间所有数的和，一行一行写出来还是可行的。但如果计算1~n之间所有数字的和，要写出全部代码可就难办了。不过，for循环完全可以解决这个问题，遍历1~n，用循环变量i表示就解决啦。

●布尔教授：不错，你们俩的拓展能力越来越强了。

互动课件 1~10求和

```
int    sum=0;
sum = sum + | 1 |;
sum = sum + | 2 |;
sum = sum + | 3 |;          for(int i=1;i<=10;i++)
sum = sum + | 4 |;          {
sum = sum + | 5 |;              sum = sum + i;
sum = sum + | 6 |;          }
sum = sum + | 7 |;
sum = sum + | 8 |;                  累加求和
sum = sum + | 9 |;
sum = sum + |10 |;
cout << sum ;
```

●布尔教授：像上面这样计算总和的过程，我们称其为累加求和，一步一步相加求得最终的和。话不多说，现在就动手实践一下计算1~100之间所有数字的和吧！

```
01 #include <iostream>
```

```
02 using namespace std;
03 int main()
04 {
05     int sum = 0;
06     for (int i = 1; i <= 100; i++)
07     {
08         sum = sum + i;
09     }
10     cout << sum;
11     return 0;
12 }
```

●布尔教授：再试试计算 1~n 之间所有数字的总和。

```
01 #include <iostream>
02 using namespace std;
03 int main()
04 {
05     int n, sum = 0;
06     cin >> n;
07     for (int i = 1; i <= n; i++)
08     {
09         sum = sum + i;
10     }
11     cout << sum;
12     return 0;
13 }
```

●布尔教授：计算 m~n（m<=n）之间所有数字的总和又该如何实现呢？

```
01 #include <iostream>
02 using namespace std;
03 int main()
04 {
05     int m, n, sum = 0;
06     cin >> m >> n;
07     for (int i = m; i <= n; i++)
08     {
09         sum = sum + i;
```

```
10        }
11      cout << sum;
12      return 0;
13 }
```

12.4 计算 2 的次方

● **布尔教授**：科技兔，再来考你一个数学问题。你知道 2 的 3 次方是多少吗？

● **科技兔**：教授，什么是次方啊？

● **布尔教授**：简单来说，2 的 3 次方，就是 3 个 2 相乘。

● **科技兔**：那不就是 2*2*2=8 嘛。

● **布尔教授**：2 的 4 次方呢？

● **科技兔**：2*2*2*2=16。

● **布尔教授**：2 的 10 次方呢？

● **科技兔**：……

● **哈希鼠**：1024。

● **布尔教授**：难度升级，2 的 n 次方是多少？n 是一个非负整数，也就是大于 0 的整数。

● **哈希鼠**：开始编程吧。

● **科技兔**：怎么都开始编程了？我还摸不着头脑啊！

● **布尔教授**：结合前面讲的累加求和的思路，我们能不能做累乘求积？

● **哈希鼠**：当然可以！可以申请一个存储乘积的变量，每一次将 2 乘到这个变量里面，如果是求 2 的 3 次方，重复 3 次就可以。

● **科技兔**：重复 3 次，每次乘 2 到存储积的变量中，这又可以使用 for 循环啦！

● **布尔教授**：对，但还应注意一个问题，刚刚存储和的变量 sum 初始化值为 0，现在存储乘积的变量假设为 mul，还能初始化为 0 吗？

● **哈希鼠**：如果为 0 的话，最终的结果全部为 0。

●**布尔教授**：当第一个 2 乘到 mul 变量里面，mul 应该为 2，能乘以 2 之后依然为 2，这个初始值是几？

●**科技兔**：肯定是 1 啦。

●**布尔教授**：对，切记累乘求积的初始乘积变量为 1。

```
01 int mul = 1;
```

●**布尔教授**：那大家继续加油，完成计算 2 的 3 次方的代码。

 互动课件　2的3次方

```
int mul = 1;
mul = mul * 2;
mul = mul * 2;
mul = mul * 2;
cout << mul;

⇩

int mul=1;
for(int i=1;i<=3;i++)
{
    mul = mul * 2;
}
cout << mul;
```

mul

```
01 #include <iostream>
02 using namespace std;
03 int main()
04 {
05     int mul = 1;
06     for (int i = 1; i <= 3; i++)
07     {
08         mul = mul * 2;
09     }
10     cout << mul;
11     return 0;
12 }
```

●**布尔教授**：再计算 2 的 n 次方是多少吧。

●**科技兔**：简单，重复 n 次，每次向 mul 里面乘以 2。

```
01 #include <iostream>
02 using namespace std;
```

```
03 int main()
04 {
05     int n, mul = 1;
06     cin >> n;
07     for (int i = 1; i <= n; i++)
08     {
09         mul = mul * 2;
10     }
11     cout << mul;
12     return 0;
13 }
```

布尔教授：探究一个小问题，2 的 0 次方你们知道等于几吗？可以输入 n=0，试一试。

哈希鼠：2 的 0 次方比较特殊，等于 1。

布尔教授：对，那么计算 2 的 n 次方的代码能够保证这个答案吗？

科技兔：我看一看，如果 n=0，循环条件 1<=0 并不会成立，所以直接跳过循环输出 mul，mul 的值就为 1，是正确的。

布尔教授：通过这个小问题，是想告诉你们，完成代码的时候注意严谨，要思考是否每种情况都完成了。这样我们的代码才是无懈可击的！

布尔教授：最后升华一下，前面只能计算 2 的次方，如果要计算 3 的次方，4 的次方，这个代码要进一步修改一下，能够计算 m 的 n 次方。

科技兔：重复 n 次，每次向变量 mul 里面乘以 m。

互动课件　　累乘求积

计算2的n次数

```
int n,mul=1;
cin >> n;
for(int i=1;i<=n;i++)
{
    mul = mul * 2;
}
cout << mul;
```

计算m的n次数

```
int m,n,mul=1;
cin >> m >> n;
for(int i=1;i<=n;i++)
{
    mul = mul * m;
}
cout << mul;
```

```
01 #include <iostream>
02 using namespace std;
03 int main()
04 {
05     int m, n, mul = 1;
06     cin >> m >> n;
07     for (int i = 1; i <= n; i++)
08     {
09         mul = mul * m;
10     }
11     cout << mul;
12     return 0;
13 }
```

12.5 挑战信奥真题

布尔教授：实践出真理，下面专门为你们准备了 2022 年的信奥考题：

小文同学刚刚接触了信息学竞赛，有一天她遇到这样一个题：给定正整数 a 和 b，求 a^b 的值是多少？a^b 即 b 个 a 相乘的值，例如 2^3 即 3 个 2 相乘，结果为 2*2*2=8。"简单！"小文心想，同时很快就写出一个程序，测试时却出现错误。小文很快意识到，她的程序变量都是 int 类型的。在大多数机器上，int 类型能表示的最大数为 $2^{31}-1$，因此只要计算结果超过这个数，她的程序就会出现错误。

由于小文刚刚学会编程，她担心使用 int 计算会出现问题。因此她希望你在 a^b 的值超过 10^9 时，输出一个 -1 进行警示，否则就输出正确的 a^b 的值。然而小文还是不知道怎么实现这套程序，因此她想请你帮忙。

科技兔：这道题不就是计算 m 的 n 次方吗？

布尔教授：可以用刚刚的代码测试一下多少分？

科技兔：为什么只有 10 分？时间超限了。

布尔教授：严谨起来，题目当中强调了数据可能过大，会超过 int 的大小范围，比如求 2 的 32 次方，输出结果肯定不正确。如果代码中超过定义的数据大小范围，那就需要切换类型，比 int 范围更大的整数类型就是 long

long。所以第一步定义乘积变量 mul 时使用 long long 类型，同时如果超过 10^9 需要输出-1，结果需要判断。

```
01  #include <iostream>
02  using namespace std;
03  int main()
04  {
05      int m, n;
06      long long mul = 1;
07      cin >> m >> n;
08      for (int i = 1; i <= n; i++)
09      {
10          mul = mul * m;
11      }
12      if (mul > 1000000000)
13          cout << "-1";
14      else
15          cout << mul;
16      return 0;
17  }
```

科技兔：部分正确，还有什么问题呀？

布尔教授：可以测试一下 a 和 b 数据很大的情况，输出结果并不正确。

哈希鼠：我觉得对于输出-1的情况可以优化，只要超过了 10^9 时，就可以马上输出-1。对于 a 和 b 都是很大的数字，按照现有的代码会一直计算完毕才会判断，但是计算过程中早就可能达到 10^9，只要提前结束，这样也节省了时间。

科技兔：也就是说，在计算的同时就需要判断，将判断放至循环内部。

布尔教授：对，这样还可以避免最终结果甚至超出 long long，答案错误的情况。

```
01  #include <iostream>
02  using namespace std;
03  int main()
04  {
05      int m, n;
```

```
06        long long mul = 1;
07        cin >> m >> n;
08        for (int i = 1; i <= n; i++)
09        {
10            mul = mul * m;
11            if (mul > 1000000000)
12            {
13                cout << "-1";
14                return 0;
15            }
16        }
17        cout << mul;
18        return 0;
19    }
```

🐺**布尔教授：**在代码中使用 return 0；大家可能还不太熟悉，这句代码可以让程序直接结束，你们对它有一定了解就可以。

🐰**科技兔：**终于 AC 啦！

🐺**布尔教授：**继续严谨起来，看一看是否还有可以优化的地方，比如 m 和 n 有没有特殊的值？

🐭**哈希鼠：**如果 m=1 的话，不管是 1 的多少次方，最终结果都是 1，没有必须循环 n 次每次乘 1，这个地方也可以优化。

🐰**科技兔：**提前特判一下，如果 m=1，直接输出 1 结束整个程序。

```
01 #include <iostream>
02 using namespace std;
03 int main()
04 {
05     int m, n;
06     long long mul = 1;
07     cin >> m >> n;
08     if (m == 1)
09     {
10         cout << 1;
11         return 0;
12     }
```

```
13      for (int i = 1; i <= n; i++)
14      {
15          mul = mul * m;
16          if (mul > 1000000000)
17          {
18              cout << "-1";
19              return 0;
20          }
21      }
22      cout << mul;
23      return 0;
24  }
```

科技兔：运行时间确实变少了。

布尔教授：现在知道保持严谨的重要性了吧。写完代码不要着急提交，多测试几组数据总是没错的。

12.6　国王的金币

布尔教授：下一个真题挑战开始了！

布尔教授：国王将金币作为工资，发放给忠诚的骑士。第一天发 1 枚金币，第二、第三天发 2 枚金币，第四、第五、第六天发 3 枚金币，依照此规律，国王连续发 k 天的工资，骑士可以得到多少枚金币？

互动课件　国王的金币

国王将金币作为工资，发放给忠诚的骑士。
第一天发1枚金币，第二、第三天发2枚金币，第四、第五、第六天发3枚币，依照此规律，国王连续发k天的工资，骑士可以得到多少枚金币？

	1	2	2	3	3	3	4	……
总金币数	1	3	5	8	11	14	18	……

科技兔：那接下来第七、第八、第九、第十天是不是都发放 4 枚金币？

🐭哈希鼠：哈哈！数字三角形又来了。

🐰科技兔：对，只不过现在需要将数字三角形的前 k 项加起来。

🐭哈希鼠：数字三角形和累加求和。

🐺布尔教授：没错，你们现在都会提炼题目的考查知识点了。

🐰科技兔：那我怎么知道前 k 项和数字三角形行数的关系，第 k 项到底是数字三角项的第几行呢？

🐺布尔教授：这个没关系，我们可以申请一个新的变量 day 来记录天数（项数），判断天数（项数）是否达到 k 天，这个条件可以作为循环嵌套的循环条件。

🐰科技兔：教授，循环条件还能这样改吗？

🐺布尔教授：当然，其实代码是很灵活的，根据你的不同需求可以有不同的变化，只要逻辑和语法没有问题就可以。

```cpp
01 #include <iostream>
02 using namespace std;
03 int main()
04 {
05     int k, day = 0, sum = 0;
06     cin >> k;
07     for (int i = 1; day < k; i++)
08     {
09         for (int j = 1; j <= i && day < k; j++)
10         {
11         }
12     }
13     cout << sum;
14     return 0;
15 }
```

🐺布尔教授：接下来就是循环内部，首先 day 肯定要持续自增，同时还需要一个 sum 变量记录工资的总和。再考你们一个问题，如果循环嵌套外层是 i，内层循环是 j，sum 累加的是 i 还是 j？

🐭哈希鼠：1，2，2，3，3，3……输出的内容只跟行数有关，答案是 i。

🐺布尔教授：没错，开始编程吧。

```
01  #include <iostream>
02  using namespace std;
03  int main()
04  {
05      int k, day = 0, sum = 0;
06      cin >> k;
07      for (int i = 1; day < k; i++)
08      {
09          for (int j = 1; j <= i && day < k; j++)
10          {
11              sum = sum + i;
12              day++;
13          }
14      }
15      cout << sum;
16      return 0;
17  }
```

12.7 竞技场的较量

●布尔教授：第 3 部分的竞技场开始啦！看一看又新增了什么内容。

▦ 练习关卡 1

关卡任务

拾取数据芯片，获取值 a，依次在 3 个密码门处说出密码，第一处密码为 a，第二处密码为 a 的平方，第三处密码为 a 的三次方。

●科技兔：拾取数据芯片，获取变量 a，依次说出 3 处门的密码，密码分别是 a，a^2，a^3。

●哈希鼠：要求使用简化的代码，有必要找找是否有重复的地方。

科技兔：找到了，根据路径分析可以发现，每次开一扇门的路径是一个循环节。

哈希鼠：密码依次是变化的，不过核心还是累乘求积，所以申请一个新变量 b 存储每扇密码门的值，每次累乘 a 即可。

科技兔：定义好相应的 a 和 b 变量，记得 b 的初始值为 1，输入变量 a 的值，后面就进入循环，重复 3 次，每次前进 2 步，右转，前进 1 步，左转，累乘 a 存储在 b 中，说出密码 b。

☑ 练习关卡 1 完美通关代码：

```
01  #include <iostream>
02  using namespace std;
03  int main()
04  {
05      int a, b = 1;
06      cin >> a;
07      for (int i = 1; i <= 3; i++)
08      {
09          forward(2);
10          right();
11          forward(1);
12          left();
13          b = b * a;
14          cout << b;
15      }
16      return 0;
17  }
```

▦ 练习关卡 2

关卡任务

拾取各处的数据芯片，最终说出获取的所有值之和即可通关。请使用最短的代码完成拾取路径。

科技兔：拾取各处的数据芯片，最终说出获取的所有值之和即可通关，请使用最短的代码完成拾取路径。

哈希鼠：通过提示可以知道考查了累加求和，但是这一块的路径比较复杂，还需要通过路径指示认真观察。

科技兔：根据路径指示，先前进 1 步，左转，再前进 2 步，左转，前进 2 步，左转，前进 3 步，左转，前进 3 步，左转，最后前进 4 步，到达终点。

哈希鼠：这样一步一步写出来应该不是最优行数的代码，步数的变化有一定的规律，1，2，2，3，3，3，最后的 4 步拆解成 3 步和 1 步。

科技兔：数字三角形又出现了，这样就好办了！

哈希鼠：是的，数字三角形前 3 行的数据，行走的步数可以与行数 i 直接联系起来，最后记得读取数据进行累加就可以。

科技兔：我整理一下代码思路：先定义变量 a 和 sum，sum 的初始值为 0，接着使用循环嵌套，外层循环变量 i 从 1 变化到 3，内层循环变量 j 从 1 变化到 i，每次先读入变量 a，累加 a 到 sum 中，前进 i 步，左转。循环嵌套结束后还需要前进 1 步到达终点，说出密码 sum。

☑ 练习关卡 2 完美通关代码：

```
01  #include <iostream>
02  using namespace std;
03  int main()
04  {
05      int a, sum = 0;
06      for (int i = 1; i <= 3; i++)
07      {
08          for (int j = 1; j <= i; j++)
09          {
10              cin >> a;
11              sum = sum + a;
12              forward(i);
13              left();
14          }
15      }
```

```
16      right();
17      forward(1);
18      cout << sum;
19      return 0;
20 }
```

哈希鼠：还有一个小细节，每次循环都是以左转结束的，但最后一次并不需要左转，为了可以继续前进，加入一行 `right();` 就平衡了。

科技兔：你不提醒我都没注意，细节决定能否到达终点。

12.8 拓展：二进制与十进制

布尔教授：为什么机器可以代替人类完成复杂的运算呢？哪怕是最简单的 1+2，计算机又是如何运算的？这个时候不得不提到二进制的应用。在数据时代的世界里，充满了 0 和 1，计算机中的各种信息数据，包括数值数据、符号、图像、声音和其他媒体数据的存储和表示都是采用二进制的形式进行的，其运算和处理也是以二进制的运算和处理为基础的。那么，大家有没有思考为什么计算中要使用二进制数，而不是人们所熟悉的十进制数呢？

哈希鼠：因为最早的计算机数据是以元器件的两种状物理状态，也就是晶体管的"通"和"断"来表示，这种元器件只能表示二进制代码。

布尔教授：没错！因此计算机处理的所有数据都要转换成二进制代码，使用二进制易于物理实现，运算规则也更简单，识别度也更高。

布尔教授：二进制数满 2 进 1，主要是 0 和 1 两个数字，而十进制是满 10 进 1，个位数由 0~9 构成。

科技兔：布尔教授，我现在已经了解二进制，可是我们平时使用的是十进制，计算机是怎样把十进制的数字变成二进制的呢？

布尔教授：记住八个字，"除 2 取余，逆序排列"。

科技兔：不太理解……

布尔教授：我举一个具体的例子吧！例如十进制数字 9，如果要转换成二进制数，先除以 2 商 4 余 1，接着继续把 4 除以 2 商 2 余 0，2 除以 2 商 1 余 0，1 除以 2 商 0 余 1，商为 0 时结束，之后就把所有的余数逆序组合，因为十进制数 9 对应的二进制数是 1001。

互动课件 十进制转二进制

十进制数：9

$9÷2=4$ …… 1

$4÷2=2$ …… 0

$2÷2=1$ …… 0

$1÷2=0$ …… 1

除2取余
逆序排列

二进制数：1001

十进制数：23

$23÷2=11$ …… 1

$11÷2=5$ …… 1

$5÷2=2$ …… 1

$2÷2=1$ …… 0

$1÷2=0$ …… 1

二进制数：10111

🔵哈希鼠：注意，如果被除数比除数小，商为 0 就好了。

⚫布尔教授：大家再算一算十进制数 23 对应的二进制数是多少？大家可以自己模拟过程！

⚫布尔教授：现在大家已经了解十进制数如何转换为二进制数。现在反过来，如何将二进制数转换为十进制数？

⚫布尔教授：我们先来看一看十进制数 79081 的数学实际意思是什么。79081 可以看成 1 个 1、8 个 10、0 个 100、9 个 1000 和 7 个 10000 相加，因此可以写成：

$$79081=7*10^4+9*10^3+0*10^2+8*10^1+1*10^0$$

可以发现，十进制数相邻进制都是 10，二进制也一样，只不过把相邻进制变为 2 就可以了，个、十、百、千、万位对应 1、2、4、8、16，依次类推。

所以二进制数字 10111 转换成十进制数的过程就是：

$$1*2^0+1*2^1+1*2^2+0*2^3+1*2^4=1+2+4+0+16=23$$

互动课件 二进制转十进制

十进制数：79081		二进制数：10111
$7*10\text{^}4=70000$		$1*2\text{^}4=16$
$9*10\text{^}3=9000$	从右往左，将每	$0*2\text{^}3=0$
$0*10\text{^}2=0$	一位数乘以2的	$1*2\text{^}2=4$
$8*10\text{^}1=80$	幂次，依次相加	$1*2\text{^}1=2$
$1*10\text{^}0=1$		$1*2\text{^}0=1$
70000+9000+0+80+1=79081		16+0+4+2+1=23

●**布尔教授**：最后再给大家留一个思考题吧。二进制数字 10000000000
转换成十进制是多少呢？模拟过程可以写在下面的虚线框里面。

第 13 课　斐波拉契密道

13.1　开场

大家好！在前几次课中我们一直与数字打交道，找到在 n 个数中找出最大值的算法规则，了解了数字之间的交换的方法。

数字是一种美妙的符号，不仅帮我们探索了很多未知的领域，还洞察了各种事物的规律。说到"规律"，大家肯定想到用 for 循环去执行有规律的重复代码。没错，祝贺你找到了探索"规律"的突破口，你知道"数列"还有其他的规律吗？这节课让我们一起进入斐波拉契密道探索吧！

- 认识斐波拉契数列
- 计算斐波拉契数列第 n 项
- 利用计算机生成随机数

13.2　数列

哈希鼠：科技兔，我们来玩个找规律的游戏。

科技兔：来！

哈希鼠：1，1，1，1，1，1，1，?。

科技兔：（抢答）1！

哈希鼠：2，4，6，8，?，12，14。

科技兔：我想想，是 10！

哈希鼠：1，1，2，3，5，8，?，21，34。

科技兔：好像一眼看不出来。

哈希鼠：这个是 13 啦，5+8=13。

科技兔：（似懂非懂）哦。

哈希鼠：像这样一组有序排列的正整数，就叫作"数列"。2，4，6，8，10……这个"数列"中，"2"叫作数列的第一项，"6"是第三项，那你说说，第 n 项应该是多少呀？

科技兔：我觉得是 2*n。

哈希鼠：对啦！

科技兔：咦，这里有条密道。

13.3 初探-斐波拉契密道

哈希鼠：当心，这些密码门被斐波拉契数列加密了。

科技兔：啥不拉稀？

哈希鼠：（生气）是斐波拉契！

关卡 2-13

关卡任务
破解著名的斐波拉契数列！

科技兔：啥是斐波拉契数列呀？

哈希鼠：斐波拉契数列就是刚才我问你的"1，1，2，3，5，8，13……"
这个数列，它是由意大利数学家斐波拉契发现的。在斐波拉契数列中，从第
三项开始每一项都等于前两项的和，比如 2=1+1，3=1+2，5=2+3，等等。

科技兔：8=3+5，13=5+8，是这样哎。

哈希鼠：那斐波拉契数列的第 n 项是多少呀？

科技兔：我想想，应该是第 n-1 项加上第 n-2 项。

哈希鼠：是的。你编写代码求一下斐波拉契数列的第七项吧。

科技兔：我觉得可以定义七个变量 a，b，c，d，e，f，g，这样就可
以求第七项。

```
01 int a = 1, b = 1;
02 int c = a + b;
03 int d = b + c;
04 int e = c + d;
05 int f = d + e;
06 int g = e + f;
07 cout << g;
```

哈希鼠：你现在求一下第 100 项！

科技兔：我定义 100 个变量。不对，这怎么能定义，太麻烦了！

哈希鼠：我们一起思考吧。

13.4 思考-摸石过河游戏

哈希鼠：我想到一个游戏，叫摸石过河游戏，你知道这个吗，科技兔？

科技兔：知道，每个人拥有三块木板，双脚交替踩在木板上向前移动，而且双脚不能着地。

哈希鼠：你看，在摸石过河游戏中，我们向前移动的时候，双脚踩在两块木板上，然后把另一块木板拿到前面踩上去，是不是很像斐波拉契数列中我们根据前两个数字算出新的数字？

科技兔：有那么一点像。我们是不是可以通过思考摸石过河游戏的玩法，来解决斐波拉契数列的问题？

哈希鼠：对。我想到我们在摸石过河游戏中可以像这样双脚交替向前移动。先把空白的木板放到前面，迈出右脚踩上去；再把空白的板子放到前面，迈出左脚踩上去，左脚和右脚交替进行，就可以向前移动了。

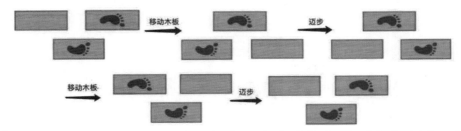

哈希鼠：我们每迈出一步，相当于在斐波拉契数列中产生了一个新的数字。

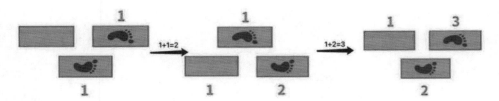

●哈希鼠：如果把下面的木板看作 a 变量，把上面的木板看作 b 变量，我们利用 a 变量和 b 变量模拟摸石过河游戏，交替向前移动，就可以只用两个变量推出斐波拉契数列的第 n 项。

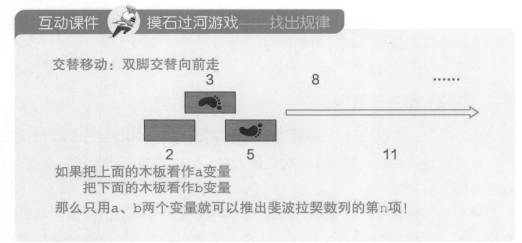

●科技兔：是啊。看起来很像是我们在斐波拉契数列中交替迈步前进。我们迈出右脚的时候就把 a 的值更新为 a+b，迈出左脚的时候就把 b 的值更新为 b+a。

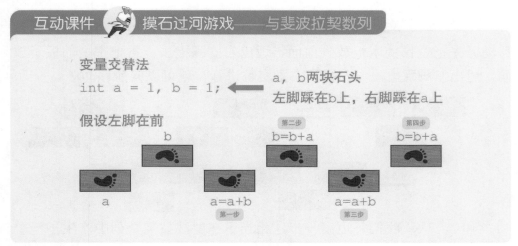

●哈希鼠：我们需要在输出的时候判断此时是左脚在前，还是右脚在前。

由于我们第一步迈的是右脚，所以当我们迈出的总步数为偶数时，最后一步还是右脚，也就是输出 b 变量；当我们迈出的总步数是奇数时，最后一步就变成了左脚，我们就需要输出 a 变量。

科技兔：是的，按照你说的，当迈出的步数是偶数时，就让 b=b+a；迈出的步数是奇数时，就让 a=a+b。

哈希鼠：如果我们要求第 7 项，应该迈出多少步呀？

科技兔：我觉得应该是 5 步，因为前面我们已经有了 a，b 作为斐波拉契数列的前两项。所以如果我们要求第 n 项，应该迈出 n-2 步。

哈希鼠：我们来完成代码吧。

```
01 #include <iostream>
02 using namespace std;
03 int main()
04 {
05     int n = 7, a = 1, b = 1; // n=7 表示要求第 7 项
06     for(int i = 1; i <= n - 2; i++) // i 表示步数
07     {
08         // 交替迈步
09         if(i % 2 == 1)
10             a = a + b;
11         if(i % 2 == 0)
12             b = b + a;
13     }
14     // 总步数为 n-2 步，(n-2)%2 与 n%2 相等，简写为 n%2
15     if(n % 2 == 1)
16         cout << a;
17     if(n % 2 == 0)
18         cout << b;
19     return 0;
20 }
```

科技兔：这个方法就叫"变量交替法"，怎么样？

哈希鼠：可以！

科技兔：我想到一个不同的方法，我们可以两只脚一起向右移动呀。

哈希鼠：怎么移动？

科技兔：像这样，先移动木板，双脚一起向右平移，然后再移动木板，再向右平移，这样也能向前走。

哈希鼠：很好！按照前面变量交替法的思路，也设置两个变量 a、b 代表左脚和右脚。只不过这次是左脚在左边，对应的变量是 a，右脚在右边，对应的变量是 b。

科技兔：联想斐波拉契数列，迈步的时候应该这样给木板标号：

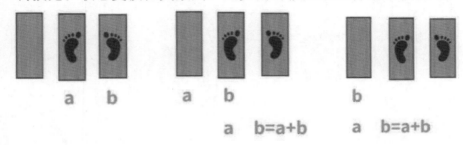

科技兔：当我们向右平移一步的时候，a 就变成原来的 b，b 变成 a+b。所以是 a=b，b=a+b。

哈希鼠：错啦！你要利用辅助变量 c 才能进行这个操作，不然你让 a=b 的时候 a 的值就已经改变了，后面的 b=a+b 就不正确了。应该这样写：

```
01      int c = a + b;
02      a = b;
03      b = c;
```

科技兔：对啊，这样写才对。这次我们的最后一步永远都是 b，所以最后我们输出 b 就可以了。我来写代码。

```
01 #include <iostream>
02 using namespace std;
03 int main()
04 {
05      int n = 7, a = 1, b = 1;
06      int c;
```

```
07        for (int i = 1; i <= n - 2; i++)
08        {
09            c = a + b;
10            a = b;
11            b = c;
12        }
13        cout << b;
14        return 0;
15    }
```

🔵哈希鼠：真棒呀，这个方法的代码好简洁！

🔵科技兔：（得意）我自创的"变量平移法"还不错吧。

🔵哈希鼠：我们一起来破解密码门吧！

13.5　穿过斐波拉契密道

🔵哈希鼠：三道门，逐个破解！

☑ 关卡 2-13 完美通关代码：

```
01 #include <iostream>
02 using namespace std;
03 int main()
04 {
05     attack();
06     int a, b;
07     cin >> a >> b;
08     int c;
09     for(int i = 1; i <= 3; i++)
10     {
11         forward(2);
12         c = a + b;
13         a = b;
14         b = c;
15         cout << b;
16     }
17     return 0;
```

```
18 }
```

🔵哈希鼠：科技兔的方法真不错！

13.6 猜数游戏

🔵哈希鼠：我最近新学到一个猜数游戏。我在心里写下 0~50 其中的一个整数，你猜猜这个数字是多少？你有 6 次机会。

🔵科技兔：1。

🔵哈希鼠：不对，小了。

🔵科技兔：50。

🔵哈希鼠：不对，大了。

🔵科技兔：25。

🔵哈希鼠：不对，小了。

🔵科技兔：26？

🔵哈希鼠：小了。

🔵科技兔：27，总该对了吧！

🔵哈希鼠：还是不对，还有一次机会哦。

🔵科技兔：30！

🔵哈希鼠：恭喜你答错了！机会用完！

🔵科技兔：这怎么猜啊，才 6 次机会。

🔵哈希鼠：算了，我们写个程序出来，你自己回去慢慢研究。

🔵科技兔：好，写个程序，我练 100 次，我就不信猜不中。

🔵哈希鼠：我来设计一下，首先需要生成一个随机数，然后读取用户的输入，接着判断输入的数字与目标数字的大小关系，再判断剩余的机会次数。如果机会用完，游戏结束；如果猜中，就显示"猜中啦！"。

🔵科技兔：怎么生成随机数啊？以前好像没有学过这个。

🔵哈希鼠：这就要用到 rand() 函数，它可以生成一个随机数。不过用之前要先用#include <cstdlib>引入一下 rand() 函数，像这样：

```
01 #include <iostream>
```

```
02 #include <cstdlib>
03 using namespace std;
04 int main()
05 {
06     cout << rand();
07     return 0;
08 }
```

科技兔：我试试。

科技兔：哎？为什么我每次运行它产生的数字都一样啊？这也没随机啊。

哈希鼠：这你就不懂了吧。计算机中没有真正的随机数，"随机"数都是计算机通过计算得出来的。我们要先输入一个"种子"作为计算机计算"随机"数的依据。"种子"相同，运算生成的"随机"数序列也相同。刚才我们没设置"种子"，所以每次运行的"种子"都一样，输出的就自然是一样的喽。

科技兔：怎么设置种子呀？

哈希鼠：用 srand() 函数可以设置种子。比如 srand(1) 可以设置种子为 1。每次运行我们都需要设置不同的种子。

科技兔：那么我们需要一个不断变化的东西呀。不然没办法做到"每次运行都设置不同的种子"。

哈希鼠：想一想，什么是不断变化的？

科技兔：嗯，对了，时间！

哈希鼠：对。我们可以用 time(0) 函数获取到 1970 年 1 月 1 日到现在的毫秒数，用它作为种子，但需要先用#include <ctime>引入一下它。

```
01 #include <iostream>
02 #include <ctime>
03 using namespace std;
04 int main()
05 {
06     // 输出 1970 年 1 月 1 日到现在的毫秒数
07     cout << time(0);
08     return 0;
```

```
09 }
```

●哈希鼠：但是还不够，rand()函数生成的随机数范围非常大，并不在我们想要的 0~50 之间。如何控制随机数范围在 0~50 呢？

●科技兔：我想到了，做除法的时候，余数一定小于除数，所以是不是可以让 rand()的结果除以 51 取余数？

●哈希鼠：对啊！所以我们可以这样生成 0~50 的随机数：

```
01 #include <iostream>
02 #include <cstdlib>
03 #include <ctime>
04 using namespace std;
05 int main()
06 {
07     srand(time(0));           // 设置种子
08     int num = rand() % 51;  // 控制随机数的范围
09     cout << num;
10     return 0;
11 }
```

●科技兔：有了生成随机数的办法，下面的代码就好写了。

●哈希鼠：先提醒你一下，猜对了的话，就可以利用 break 语句停止 for 循环。

●科技兔：break 语句？是直接在 for 循环中写 "break;" 吗？

●哈希鼠：你说对了，开始写吧。

```
01 #include <iostream>
02 #include <cstdlib>
03 #include <ctime>
04 using namespace std;
05 int main()
06 {
07     srand(time(0)); // 设置种子
08     int target_num = rand()%51;
09     // 控制随机数的范围
10     int count = 6; // 6次机会
11     int input;
12     int flag = 0;
```

```
13      // flag 标志表示有没有猜对，0 表示没猜对，1 表示猜对
14      for(int i = 1; i <= count; i++)
15      {
16          cin >> input;
17          if(target_num == input)
18          {
19              flag = 1;
20              cout << "猜对了";
21              break; // break 语句用于停止循环
22          }
23          else if(target_num > input)
24              cout << "小了" << endl;
25          else if(target_num < input)
26              cout << "大了" << endl;
27      }
28      if(flag == 0)
29          cout << "你输了！";
30      return 0;
31  }
```

●哈希鼠：不错，回去慢慢练习吧。偷偷告诉你，这个游戏在 6 次之内一定能猜出来。加油！

13.7　课堂总结

| 说出求斐波拉契数列第 n 项的两种方法。

方法一：变量交替法，a、b 交替前进。

方法二：变量平移法，a、b 平移前进。

| 如何生成一个 0~50 之间的随机数？

先用时间设置种子，再用 rand()%51 生成随机数。

| 如何停止循环？

在循环中使用 break;语句。

小朋友们，有没有掌握本节课的知识内容呢？接下来，进入随堂测试环节，检验一下大家的学习状况吧。

13.8 随堂练习

1. 斐波拉契数列中第 n 项的值是什么？（　　）

　A．第 n-2 项 + 第 n-3 项　　　　B．第 n-1 项的 2 倍

　C．第 n 项 + 第 n-1 项　　　　　D．第 n-1 项 + 第 n-2 项

2. 生成随机数时想使用 rand() 需要在代码中写什么？（　　）

　A．#include <stdio.h>

　B．#include <ctime>

　C．#include <crandom>

　D．#include <cstdlib>

3. 使用变量平移法求斐波拉契数列第 n 项，下列哪种写法是对的？（　　）

　A．int c = a; a = b; b = c;

　B．int c = a + b; a = c; b = a;

　C．a = b; b = a + b;

　D．int c = a + b; a = b; b = c;

13.9 课后作业

　1．斐波拉契怪异数列（4215）。

　2．斐波拉契数列求和（简单版）（4229）。

第14课　嵌套迷宫

14.1　开场

大家好！上节课我们通过 for 循环解决了斐波拉契数列问题。其实，for 循环还有更多的用途，比如走迷宫、找出一些特殊的数字等。这节课让我们一起进入嵌套迷宫，探索迷宫中的奥秘吧！

- 多层 for 循环的应用
- 如何拆分一个数字
- 找出"水仙花数"

14.2　进入嵌套迷宫

科技兔：啊！更多能量电池！

哈希鼠：这种螺旋道路对已经掌握了嵌套结构的源码守护者来说，应该是小菜一碟吧。

哈希鼠：当然，如果你实在没头绪，也可以虚心向我请教。

科技兔：哼！谁稀罕啊！

关卡 2-14

关卡任务
使用 collect()代码拾取所有能量电池。

科技兔：我来看一看怎么走到终点：先前进 5 次，右转；然后前进 4 次，右转；然后是前进 3 次，右转；前进 2 次，右转；前进一次，右转。好像有些规律，可以用 for 循环来解决。

科技兔：每前进一步都需要捡起能量电池，这样前进 5 次就应该改成 (前进，捡起电池)*5 和右转。

科技兔：如果前进的次数为 i，那么 i 的取值是从 5 到 1。如果前进和捡起电池的次数为 j，那么 j 的取值就是从 1 到 i。我来编写代码。

☑ 关卡 2-14 完美通关代码：

```
01 #include <iostream>
02 using namespace std;
03 int main()
04 {
05     for (int i = 5; i >= 1; i--)
06     {
07         for (int j = 1; j <= i; j++)
08         {
09             forward(1);
10             collect();
11         }
12         right();
13     }
14     return 0;
15 }
```

哈希鼠：嘀，还挺厉害的。

14.3 深入嵌套迷宫

哈希鼠：这里还有好多能量电池！

科技兔：太好了！集齐这些能量电池，我们就有打败黑影军团的希望了。

哈希鼠：来不及了，黑影军团的机械爪牙已经追过来，我们必须马上离开！

科技兔：什么？！等等，冷静下来。我要规划一条路线，用最短代码

捣走所有能量电池。

▦ 关卡 2-15

🔵哈希鼠：想要规划出最短的路线，那么就不能走回头路，还要尽量使路线有规律，比如可以用循环的方式来解决。

🔵科技兔：这个迷宫好像有点复杂。

🔵哈希鼠：不要着急，我们一步一步来观察。

🔵科技兔：看起来是个 5*5 的方格，先画个地图吧。

🔵哈希鼠：不用这么复杂，先简化一下。

关卡任务
使用 collect() 代码拾取所有能量电池。

🔵哈希鼠：先试试 3*3 的方格，看一看在这个方格中能不能找到一些规律。

互动课件　深入嵌套迷宫

思考：在3x3的方格中如何规划路线？

科技兔：这个简单，先前进两步，右转；再前进两步，右转；接着前进一步，右转；最后前进一步。

科技兔：再加上捡起电池的操作，把前进 i 步换成（前进 1 步，捡起电池）*i。我们在 3*3 迷宫里可以这样走：（前进一步，捡起电池）*2 和右转，重复两次；然后（前进一步，捡起电池）*1 和右转，重复两次。

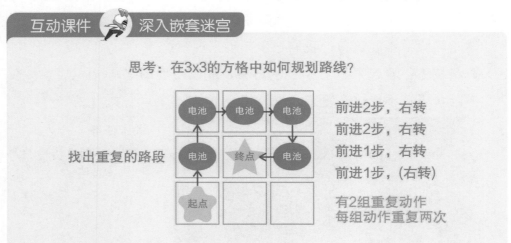

科技兔：把重复动作的组数记作 i，每组动作重复两次，记作 j，分解动作的次数记作 k。

哈希鼠：这样的话，两层 for 循环嵌套就不够用了哦。这个时候我们需要用三层 for 循环嵌套。C++中是可以使用多层 for 循环嵌套的，这也是我们今天要学习的新技能。

科技兔：是哦，应该使用三层 for 循环嵌套，其中 i 的范围是从 2 到 1，j 从 1 到 2，k 是从 1 到 i。用代码表示：

```
01 for (int i = 2; i >= 1; i--)
02 {
03     for (int j = 1; j <= 2; j++)
04     {
05         for (int k = 1; k <= i; k++)
06         {
07             forward(1);
08             collect();
09         }
```

```
10          right();
11      }
12  }
```

哈希鼠：真不错呀。我们现在把迷宫扩大到 5*5，看一看能不能找到迷宫的规律。

互动课件 深入嵌套迷宫——从3×3扩展

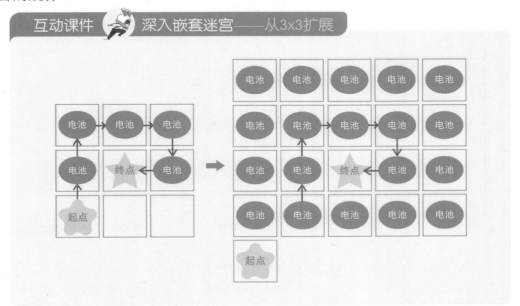

科技兔：我们只要像 3*3 迷宫那样，螺旋前进，增加一个外圈就可以啦。

互动课件 深入嵌套迷宫——仿照3×3的回旋路线

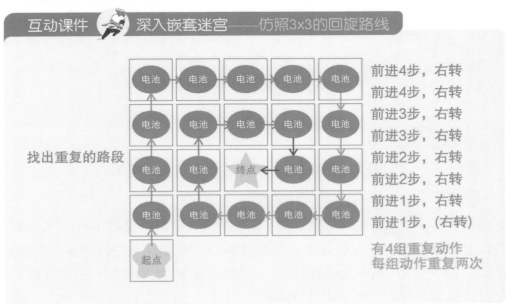

科技兔：像 3*3 迷宫那样分析，我们一共会有 4 组重复动作，每组动作重复两次。分解动作还是（前进 1 步，捡起电池）*i 和右转。

科技兔：把重复动作的组数记作 i，每组动作重复两次，记作 j，分解动作的次数记作 k。这次，i 的范围是从 4 到 1，j 从 1 到 2，k 是从 1 到 i。5*5 迷宫和 3*3 迷宫不同的只有 i 的范围变化，我来编写代码。

☑ 关卡 2-15 完美通关代码：

```
01 #include <iostream>
02 using namespace std;
03 int main()
04 {
05     for (int i = 4; i >= 1; i--)
06     {
07         for (int j = 1; j <= 2; j++)
08         {
09             for (int k = 1; k <= i; k++)
10             {
11                 forward(1);
12                 collect();
13             }
14             right();
15         }
16     }
17     return 0;
18 }
```

14.4 水仙花数

哈希鼠：科技兔，你知道什么是"水仙花数"吗？

科技兔：水仙花？那是什么花？

哈希鼠：是"水仙花数"！如果一个三位数各个数字的三次方相加等于这个三位数本身，那么这个三位数就叫作"水仙花数"，也叫"自恋数"。比如，153 就是一个"水仙花数"，它等于 1 的立方加上 5 的立方加上 3 的立方。立方是指三个相同数字的乘积，比如 5 的立方就是 5*5*5。

哈希鼠：问题来了，我想要你用程序找出所有的"水仙花数"。

科技兔：我想想……但怎么把一个三位数和它的个、十、百位的数字关联起来啊？

哈希鼠：我提示你一下。153=150+3，150 等于什么？

科技兔：100+50？

哈希鼠：对了。那 153 等于什么？

科技兔：100+50+3。

哈希鼠：对。如果我设 n=153，a=1，b=5，c=3，那么如何用 abc 表示 n？

科技兔：我知道了！n = 100*a + 10*b + c。

哈希鼠：对啦。现在你已经会把一个三位数用 3 个数字表示了。

科技兔：这样的话，我可以利用 for 循环列举出所有 abc 的可能情况，a 表示的是百位，范围是 1~9，b 和 c 表示十位和个位，范围是 0~9。如果 100*a + 10*b + c=a*a*a + b*b*b + c*c*c，那么这个数就是"水仙花数"。我来编写代码。

```
01 #include <iostream>
02 using namespace std;
03 int main()
04 {
05     int n, a, b, c;
06     for(a = 1; a <= 9; a++)
07     {
08         for(b = 0; b <= 9; b++)
09         {
10             for(c = 0; c <= 9; c++)
11             {
12                 n=100*a+10*b+c;
13                 if(n == a*a*a + b*b*b
14                         + c*c*c)
15                     cout << n << " ";
16             }
17         }
```

```
18        }
19        return 0;
20 }
```

●哈希鼠：很好！这样可以找出所有的"水仙花数"。你想一想，还有其他的拆分方法吗？刚才我们是用a，b，c表示n。如果我要用n来表示a，b，c呢？

●科技兔：a和c的表示比较简单。n % 10 = c；n / 100 = a。我想一下怎么表示b……153/10=15，然后15%10就是5。所以(n/10)%10 = b。

●哈希鼠：还挺聪明的。

●科技兔：嘿嘿！这样我们就可以列举出所有的n，然后利用n计算出a，b，c。如果a*a*a + b*b*b + c*c*c=n，这个数就是"水仙花数"。这次的代码应该这样写：

```
01 #include <iostream>
02 using namespace std;
03 int main()
04 {
05        int n, a, b, c;
06        for (n = 100; n <= 999; n++)
07        {
08            a = n / 100;
09            b = (n / 10) % 10;
10            c = n % 10;
11            if (a * a * a + b * b * b + c * c * c == n)
12                cout << n << " ";
13        }
14        return 0;
15 }
```

●哈希鼠：不错，这样也可以找出所有的"水仙花数"。

●哈希鼠：我再来考考你，如何计算一个数n各个位上数字的和？

●科技兔：首先要拆分数字n。个位是n%10，十位是(n/10)%10，百位是n/100……

哈希鼠：不对，百位不是 n/100，比如 1523 的百位是 5，1523/100 是 15，不是 5。

科技兔：哦！应该是 (n/10/10)%10！千位就是 (n/10/10/10)%10，从最低位开始的第 x 位就是 (n/10/10······)%10，一共除以 (x-1) 个 10。

科技兔：可以不断地将 n 除以 10 再对 10 取余数，一直除到 n 等于 0，这样就可以得到 n 各个位上的数字。比如 1523 连续除以 10，分别会得到 152、15、1，再对它们进行 %10 的操作取余数，就可以得到 2、5、1 这三个数字，它们分别是 1523 的十位，百位，千位。1523 本身 %10 会得到 3，它是 1523 的个位，这样我们就成功地拆分 1523 这个数字。

科技兔：按照这个思路，代码应该是这样的：

```
01 #include <iostream>
02 using namespace std;
03 int main()
04 {
05     int n;
06     cin >> n;
07     int a; // a 表示当前的个位数字
08     for (int i = n; i != 0; i /= 10)
09     {
10         a = i % 10;
11         cout << a << " ";
12     }
13     return 0;
14 }
```

科技兔：这样就可以输出 n 各个位上的数字了。如果要计算 n 各个位上数字的和，只需要把它们加起来。

```
01 #include <iostream>
02 using namespace std;
03 int main()
04 {
05     int n;
06     cin >> n;
07     int a;         // a 表示当前的个位数字
08     int sum = 0; // sum 表示总和
```

```
09      for (int i = n; i != 0; i /= 10)
10      {
11          a = i % 10;
12          sum += a;
13      }
14      cout << sum;
15      return 0;
16  }
```

●哈希鼠：越来越棒了！这个 for 循环有些特别，在这个 for 循环中，i 的值不像以前我们熟悉的 for 循环一样每次增加或者减少 1，而是每次都除以 10，当 i=0 时结束循环。比如输入 n=1523，第一次循环 i=1523，第二次循环是 152，再一次循环是 15，然后是 1，最后 i=1/10=0，结束循环。大家学会了吗？

14.5　课堂总结

▌ 一个三位数的个、十、百位分别是 c，b，a，如何用 a、b、c 表示这个三位数？

100 * a + 10 * b + c

▌ 如何将一个数 n 拆分？

将 n 不断除以 10，再%10 求出各个位上的数字，直到 n=0。

14.6　随堂练习

1. 一个四位数 n=$\overline{abcd}$，如何表示它们的关系？（　）

   A．n=a+b+c+d   B．a+10*b+100*c+1000*d
   C．a*b*c*d   D．1000*a+100*b+10*c+d

2. 如何利用 for 循环分解一个数 n？（　）

   A．for(int i=n;i!=0;i--)
   B．for(int i=n;i==0;i/10)
   C．for(int i=n;n!=0;n/10)
   D．for(int i=n;i!=0;i/=10)

3. 以下多层循环会输出什么？（ ）

```
01 for (int i = 2; i >= 1; i--)
02 {
03     for (int j = 2; j >= 1; j--)
04     {
05         for (int k = 0; k < i; k++)
06         {
07             cout << 'k';
08         }
09         cout << 'j';
10     }
11     cout << 'i';
12 }
```

A. Kkjikkjikkji   B. kjikjikjikji
C. Kkjikkjikji   D. kkjkkjikjkji

14.7 课后作业

1. 反向输出一个三位数（2011）。

2. 反序数（1009）。

3. 11 整除判断（4217）。

第15课　质数密探

同学们，大家好！欢迎来到科技兔编程第十五课"质数密探"。

在上次课中，我们一起学习了多层循环的应用，这使我们对循环的认识更深刻，对于多层循环的灵活使用，能够帮助我们在编程中更高效地解决问题。

科技兔也通过灵活地运用多层循环，一个不漏地拿到了所有电池。但面临机械爪牙的追击，科技兔与哈希鼠只能进行战略转移。

面对机械爪牙的穷追不舍，科技兔准备乘坐敌人的运输车逃离。但使用运输车对应的站台需要先击败敌人，获取敌人手中的芯片，然后破译芯片中的数据，才能找到对应的站台。在这种情况下，科技兔该怎么做呢？

为了帮助科技兔解决这个难题，今天我们将学习质数的概念及其相关的算法。并运用这些知识帮助科技兔解决所遇到的困难。

在接下来的课程中，科技兔和哈希鼠又会经历什么样的冒险呢？我们赶快一起开始吧！

- 什么是质数
- 质数判断
- 找 1~n 范围内所有质数算法
- 哥德巴赫猜想与验证

15.2　帮帮科技兔

科技兔与哈希鼠为了躲避机械爪牙的追捕准备乘坐敌人的运输车，但需要先打败敌人获取数据芯片，并破译芯片当中的数据，根据破译的结果选择对应的站台。

机械爪牙：执行抓捕程序！

哈希鼠：敌人过来了，我们得想办法离开。

科技兔：看！那边停着敌人的运输车！

●哈希鼠：太好了！打败敌人，根据掉落的数据芯片，找到对应的车辆，用最短的代码上车离开。

关卡 2-16

关卡任务
使用求约数算法，找到正确的终点。

●二哈：源码守护者们，你们被包围了，快举手投降。

●科技兔：当时驾校是怎么教的？一踩二挂三喇叭，四转五看六手刹……

●科技兔：自然选择号，前进 4。

●哈希鼠：安全带，系安全带啊！

☑ 关卡 2-16 完美通关代码：

```
01 #include <iostream>
02 using namespace std;
03 int main()
04 {
05     int a;
06     int num = 0;
07     attack();
08     cin >> a;
09     for (int i = 1; i <= a; i++)
10     {
11         if (a % i == 0)
12         {
13             num++;
14         }
```

```
15       }
16       forward(num);
17       right();
18       forward(num);
19       return 0;
20   }
```

🐺 **头狼**：居然让他跑了！

🐺 **机械爪牙**：目标已消失，停止抓捕程序。

🐺 **头狼**：等会儿，先把我送到运输车上。

🐺 **机械爪牙**：如需找到对应运输车，请破译数据水晶。

🐺 **头狼**：快告诉我怎么破译。

🐺 **机械爪牙**：首先定义一个变量 a 和一个变量 num，并将 num 初始化为 0。

🐺 **机械爪牙**：攻击，并读取芯片数据。

🐺 **头狼**：停，暗影军团是我的人还用攻击吗？这一批机械爪牙的人工智能太落后了。

🐺 **头狼**：说重点！

🐺 **机械爪牙**：代码的核心算法是通过 for 循环遍历 1 到 a 之间的所有数，并通过 a%i==0 判断 a 是否能被整除，如果能被整除，就执行 num++，将 num 自增 1。

🐺 **机械爪牙**：循环结束后，根据 num 的值选择对应运输车即可。

🐺 **头狼**：破译好了。开车，快追！

15.3 什么是质数

🐰 **科技兔**：好险呀！差点就被机械爪牙抓住了。

🐭 **哈希鼠**：还好你破译得快，找到了对应的站台。

🐰 **科技兔**：那是当然！我可是年度最佳源码守护者！

🐭 **哈希鼠**：好了，别吹牛了。

🐰 **科技兔**：我在破解芯片的时候似乎发现了一些特殊的数据。

🐭 **哈希鼠**：特殊的数据？说来听听。

科技兔：比如：2，3，5，7，11，13，17，…

科技兔：如果数据芯片中发现的是这些数据，则对应的站台就一定是 2 号站台。

哈希鼠：破译的要点是数字因数的个数。

哈希鼠：数据芯片内的数据有几个因数，就对应几号站台。

科技兔：原来是这样啊。

哈希鼠：你不是已经破译数据水晶了吗？怎么这还没明白……

科技兔：刚刚太紧张，不小心忘了。嘿嘿！

哈希鼠：……

哈希鼠：这种只有两个因数的数据叫作质数，这些数只能被 1 和自身整除，所以只有两个因数。

科技兔：也就是说，因数只有 1 和它本身的数就是质数喽。

哈希鼠：没错，不过还要注意一点，质数是大于 1 的数哦。

科技兔：下次这种事情放在开始说，好不好？

互动课件　什么是质数

科技兔对数据芯片进行了解密，找到了对应的站台
在破解芯片时，我们发现了一些特殊的数据
如：2,3,5,7,11,13,17…
这些数字只能被 1 和自身整除
大于 1 且因数只有 1 和它本身的数被称为质数

15.4　如何判断质数

哈希鼠：只知道质数是什么还不够，我们还得了解怎么判断质数。

科技兔：判断质数？

科技兔：如果我遇到一个数字，该怎么判断它是不是质数呢？

哈希鼠：要先判断这个数的因数是不是只有 1 和它自身。

哈希鼠：比如要判断 5 是不是质数，则需要将 5 依次与 1，2，3，4，

5 取余，如果能整除，则记录一次，观察最终记录多少次。如果只有两次，那 5 就是质数，否则 5 不是质数。

科技兔：这么复杂？那我该怎么写代码呢？

哈希鼠：判断 5 是不是质数的代码是：

```
01 #include<iostream>
02 using namespace std;
03 int main()
04 {
05     int flag = 0;
06     if (5 % 1 == 0) { flag++; }
07     if (5 % 2 == 0) { flag++; }
08     if (5 % 3 == 0) { flag++; }
09     if (5 % 4 == 0) { flag++; }
10     if (5 % 5 == 0) { flag++; }
11     if (flag == 2)
12     {
13         cout << "5 是质数";
14     }
15     else
16     {
17         cout << "5 不是质数";
18     }
19     return 0;
20 }
```

科技兔：定义的整型变量 flag 是什么意思呀？

哈希鼠：定义的 flag 是为了统计数字 5 的因数个数。

哈希鼠：再详细解释一下程序，定义一个整型变量 flag 用来统计因数个数，接下来将 5 分别与 1,2,3,4,5 取余,如果余数为 0,则执行 flag++。之后，通过 if 选择语句进行判断，如果 flag 的值为 2，即表示因数的个数为 2，则输出 5 是质数，否则，5 不是质数。

科技兔：将 5 分别与 1，2，3，4，5 取余，这需要写 5 个 if 选择语句，这也太麻烦了吧。

哈希鼠：没错，遇到了重复代码，你觉得该怎么办呢？

科技兔：我知道，遇到重复代码可以使用 for 循环。

互动课件　如何判断质数

```
int flag = 0;
if (5 % 1 == 0) { flag++; }
if (5 % 2 == 0) { flag++; }
if (5 % 3 == 0) { flag++; }
if (5 % 4 == 0) { flag++; }
if (5 % 5 == 0) { flag++; }
if (flag == 2) {
    cout << "5是质数";
}
else {
    cout << "5不是质数";
}
```

有重复代码，可以
使用for循环

哈希鼠：没错，那把这个修改代码的工作交给你了。

科技兔：交给我。

```
01 #include <iostream>
02 using namespace std;
03 int main()
04 {
05     int flag = 0;
06
07     for (int i = 1; i <= 5; i++)
08     {
09         if (5 % i == 0)
10         {
11             flag++;
12         }
13     }
14     if (flag == 2)
15     {
16         cout << "5 是质数";
17     }
18     else
```

```
19      {
20          cout << "5 不是质数";
21      }
22      return 0;
23  }
```

科技兔：因为刚刚的代码有 5 次重复，所以循环变量 i 从 1 循环到 5，循环体则是 if 选择语句，当 5 与 i 取余的值为 0 时，将 flag 自增 1。

科技兔：当循环执行完成之后，对 flag 进行判断，如果 flag 的值为 2，则表示：5 只有两个因数，即 1 和 5，这就表示 5 是一个质数，所以输出"5 是质数"；否则，"5 不是质数"。

哈希鼠：那么，可以通过键盘获取数字进行判断吗？

科技兔：当然可以。

科技兔：通过 cin 就可以获取到数据啦！

```
01  #include <iostream>
02  using namespace std;
03  int main()
04  {
05      int num;
06      int flag = 0;
07      cin >> num;
08      for (int i = 1; i <= num; i++)
09      {
10          if (num % i == 0)
11          {
12              flag++;
13          }
14      }
15      if (flag == 2)
16      {
17          cout << num << "是质数";
18      }
19      else
20      {
21          cout << num << "不是质数";
```

```
22      }
23      return 0;
24  }
```

🐰科技兔：只要定义一个整型变量 num，通过 cin 指令就能够获取从键盘输入的数据。

🐰科技兔：然后要注意的是，现在循环中的变量的范围就不再是 1~5。

🐭哈希鼠：是的，因为数据的值是根据我们输入的数据所决定的。

🐰科技兔：循环的范围就应该改成 1 到 num。

🐭哈希鼠：除此之外，循环体内部的 if 选择语句的判断条件也应该稍作改变。

🐭哈希鼠：if 选择语句的判断条件从之前的 5%i==0，改为 num%i==0。

🐰科技兔：还有呢？

🐰科技兔：因为之前只用判断 5 是不是质数，所以最终的输出语句只是"5 是质数"或"5 不是质数"。

🐰科技兔：现在可以通过键盘输入数据，所以我更改了输出数据的形式。

🐰科技兔：如果 flag 的值为 2，则通过 cout 输出 num 的值，再输出"是质数"。否则输出 num 的值，再输出"不是质数"，这样就不会出错了。

🐰科技兔：我真是太聪明了！

🐭哈希鼠：是的，你最聪明了！

15.5 判断 2147483647 是不是质数

🐭哈希鼠：这个程序真是太棒了！我得多试几次。

🐰科技兔：尽管试，我赌一包辣条，我写的程序肯定不会出错！

🐭哈希鼠：2。

程序：2 是质数

🐭哈希鼠：10000。

程序：10000 不是质数

🐭哈希鼠：10000000。

程序：10000000 不是质数

哈希鼠：2147483647。

程序：（无应答）

哈希鼠：程序似乎出现问题了，科技兔你快来看啊。

科技兔：程序你怎么了，我的程序啊，你振作一点！

哈希鼠：你先冷静吧，程序又不会有事，你先考虑那包辣条吧。

科技兔：辣条啊！我的辣条啊！

哈希鼠：还是先看一看程序到底出现了什么问题吧。

科技兔：没错还是先看一看程序，辣条改天再说。

哈希鼠：……

科技兔：到底出现了什么错误呢？怎么程序就崩溃了呢？

科技兔：话说，你为什么要输入 2147483647 这个奇怪的数字啊？

哈希鼠：这可不是奇怪的数字哦。

科技兔：虽说奇怪，但似乎在哪里见过这个数字，有一点熟悉的感觉。

哈希鼠：2147483647 是 int 类型正整数范围的上限。

科技兔：原来如此，我就说怎么这么熟悉呢。

哈希鼠：我刚刚从 2 到 2147483647 选了几个有代表性的数据输入计算机，然后程序就崩溃了。

科技兔：你到底是故意的，还是不小心的？

哈希鼠：我是故意不小心的。

科技兔：你肯定蓄谋已久，想贪图我的那包辣条。

哈希鼠：要打赌辣条的不是你自己吗？

哈希鼠：我们还是先看一看到底该怎么解决这个问题吧！

科技兔：我来检查检查程序。

科技兔：输入 2147483647，for 循环从 1 一直执行到 2147483647，好像没有什么错误呀。

哈希鼠：我发现错误了。

科技兔：在哪？让我看一看。

哈希鼠：你还记得 for 循环语句的执行顺序吗？

科技兔：当然记得！

哈希鼠：当 for 循环中 i 等于 2147483647 的时候，执行完循环体中的 if 选择语句，下一步该执行什么呢？

科技兔：我知道，下一步就执行 i++ 呀。

哈希鼠：是的，那 i++ 执行完毕之后呢？

科技兔：将 i 与 2147483647 进行判断，然后 i 大于 2147483647，结束循环，释放 i。

哈希鼠：重点就在这儿……

科技兔：你先别说。我知道了，我来说。

科技兔：因为我们在循环中定义的变量 i 是 int 类型，所以 i 的上限也是 2147483647。

科技兔：但当 i=2147483647 的时候，执行 i++，则会超出 i 的范围。程序就崩溃了。

哈希鼠：既然我们已经知道了问题的根源所在，那现在该怎么解决呢？

科技兔：那还不简单！我直接将 i 的类型定义成范围更广的 long long 类型，到时候再怎么自增也不会超出范围。哈哈哈！我真是太聪明了！

哈希鼠：这个主意不错！我也想到了一个方法。

科技兔：什么方法？说来我听听。

哈希鼠：可以将 i 遍历的范围缩小呀。

科技兔：缩小？缩小多少？缩小了还怎么遍历所有数？

🐭哈希鼠：你先别急，在之前的 for 循环中，我们遍历的范围是 1~num，遍历所有数之后，根据能整除的数的个数来判断是否为质数。

🐭哈希鼠：但是所有大于 1 的数都能被 1 和自身整除。既然如此，我们是不是让循环变量略过 1 和 num 呢？

🐰科技兔：我懂了，既然 1 和 num 自身对于所有大于 1 的整数都能整除，那么略过它们也完全行得通。

🐰科技兔：我尝试一下。

```cpp
01 #include <iostream>
02 using namespace std;
03 int main()
04 {
05     int num;
06     int flag = 0;
07     cin >> num;
08     for (int i = 2; i < num; i++)
09     {
10         if (num % i == 0)
11         {
12             flag++;
13         }
14     }
15     if (flag == 0)
16     {
17         cout << num << "是质数";
18     }
19     else
20     {
21         cout << num << "不是质数";
22     }
23     return 0;
24 }
```

🐰科技兔：2147483647。

程序：2147483647 是质数。

🐰科技兔：你这个改法太棒了！

🐭哈希鼠：除了将循环遍历的范围改为 2 到 num-1，还要将循环后面的 if 选择语句的判断条件改为 flag==0。

🐰科技兔：这还用说吗？聪明如我，这种细节我可是不会忽略的。

互动课件　如何判断质数

更改为
long long i = 1

```
for (long long i=1; i<=num; i++)
{
    if (num%i == 0){flag++;}
}
```

方法1：
将 i 的类型改为
范围更广的
long long 类型

i 的范围为
2~num-1

```
for (int i=2; i<num; i++)
{
    if (num%i == 0){flag++;}
}
```

方法2：
缩小遍历范围为：
2 ~ num-1

15.6 更快一点

🐭哈希鼠：不过我在输入 2147483647 的时候要运行很久啊。

🐭哈希鼠：这也太慢了！

🐰科技兔：确实，现在机械爪牙正在对我们穷追不舍。要是破译密码的速度这么慢，我们早就被机械爪牙抓住了！

🐰科技兔：你有什么好办法吗？

🐭哈希鼠：我想想……有了！

🐰科技兔：你想到啥点子了？

🐭哈希鼠：判断一个数是不是质数，本质就是判断这个数有没有除了 1 和自身之外的因数，那么，判断了其中一个因数，同时肯定就知道了另外一个因数是什么。

●哈希鼠：假如其中一个因数是 a，另一个因数是 b，那么两个因数与这个数 num 的关系就是：a*b=num。

●哈希鼠：我们可以从 2 开始，从小到大遍历因数 a，直到 a 的值大于 num 的算术平方根。如果在这个过程中找不到任何能整除 num 的数，那么这个数就是质数。

●科技兔：有点难懂。

●哈希鼠：这么说吧，比如，要判断 36 这个数是不是质数，之前的方法就是从 2 一直遍历到 35。

●哈希鼠：最终判断 36 不是质数。

●哈希鼠：我们来分析一下。

●哈希鼠：36 的所有因数分别为：1，2，3，4，6，9，12，18，36。

●哈希鼠：在这些因数中，1 和 36 先舍掉，因为所有大于 1 的数字都能被 1 和自身整除。

●哈希鼠：再看 2 与 18，我们如果判断了 2 能被 36 整除，同时也就知道了 18 能够被 36 整除。

●哈希鼠：因为 36 除以 2 等于 18。

●科技兔：我知道啦，判断了 2 也就不用判断 18 了。

互动课件 如何判断质数

36的因数：×2,3,4,6,9,12,18,36 首先排除首尾

2*18=36,判断了2是36的因数，就不需要判断18是36的因数

●哈希鼠：没错！其余的数字也是一样的，判断了 3，就不用判断 12 了，判断了 4，就不用判断 9，直到判断到了 6，36 除以 6 等于 6。

互动课件　　如何判断质数

36的因数: ~~1~~,2,3,4,6,~~9~~,~~12~~,~~18~~,~~36~~

64的因数: ~~1~~,2,4,8,~~16~~,~~32~~,~~64~~

88的因数: ~~1~~,2,4,8,~~11~~,~~22~~,~~44~~,~~88~~

发现什么规律了吗?

36的算数平方根为6
64的算数平方根为8
88的算数平方根为9.3

所以遍历的范围控制
在2~sqrt(num)之间

科技兔: 为什么不往后继续判断呢?

哈希鼠: 因为从 2 判断到 6 就已经能够知道 36 是不是质数。

哈希鼠: 再往后判断, 如果存在因数, 那么对应的另一个因数肯定小于 6, 而我们已经遍历 2 到 6 的所有因数, 所以没必要再往后遍历。

科技兔: 我好像明白了。具体到循环条件上我该怎么写呢?

哈希鼠: 代码就这样写:

```
01  #include <iostream>
02  #include <cmath>
03  using namespace std;
04  int main()
05  {
06      int num;
07      int flag = 0;
08      cin >> num;
09      for (int i = 2; i <= sqrt(num); i++)
10      {
11          if (num % i == 0)
12          {
13              flag++;
14          }
15      }
16      if (flag == 0)
17      {
18          cout << num << "是质数";
19      }
20      else
```

```
21        {
22            cout << num << "不是质数";
23        }
24        return 0;
25  }
```

🐰科技兔：不是说 i 从 2 一直遍历到 num 的算术平方根吗？这个 sqrt(num) 又是什么奇怪的东西？

🐭哈希鼠：这可不是什么奇怪的东西，sqrt()函数就是用来计算一个数的算术平方根的，不过要注意的一点是，如果要使用 sqrt()函数，必须引入 cmath 头文件。

🐰科技兔：学到了！

15.7　查找指定范围内的质数

🐰科技兔：2，3，5，7，11，13，17，…

🐭哈希鼠：你在干什么呢？科技兔。

🐰科技兔：我在数质数。

🐭哈希鼠：真是奇怪的爱好。

🐰科技兔：我是在找质数的规律。

🐭哈希鼠：那你慢慢找，我不打扰。

🐰科技兔：2，3，5，7，11，13，17，…

🐰科技兔：好像并没有什么规律的样子。

互动课件　找出1~20内所有质数

🐰科技兔：如果我想知道 1~100 之间有多少质数，该怎么通过代码实现呢？

🐭哈希鼠：你可以一个个数呀。我看你数得挺开心的。

🐰科技兔：我是说用代码实现。

🐭哈希鼠：我想想……

🐭哈希鼠：对了，可以用循环嵌套呀！

🐰科技兔：循环嵌套？

🐭哈希鼠：没错，就是循环嵌套，还记得什么时候应该使用循环嵌套吗？

🐰科技兔：当然记得，当重复的代码本身存在重复，我们就可以使用循环嵌套！

🐭哈希鼠：现在我们需要判断 1~100 中有哪些是质数，那么就需要对 1~100 中每个数字进行判断，如果有质数，就输出质数。

🐰科技兔：知道了，代码就这样写可以吧。

```
01 #include <iostream>
02 #include <cmath>
03 using namespace std;
04 int main()
05 {
06     int num;
07     cin >> num;
08     for (int i = 2; i <= num; i++)
09     {
10         int flag = 0;
11         for (int j = 2; j <= sqrt(i); j++)
12         {
13             if (i % j == 0)
14             {
15                 flag++;
16                 break;
17             }
18         }
19         if (flag == 0)
20         {
```

```
21              cout << i << "是质数" << endl;
22          }
23      }
24      return 0;
25 }
```

科技兔：首先通过 cin 获取键盘输入的数据。

科技兔：外层循环遍历 2~num 每一个数。

科技兔：因为 1 不是质数，所以首先抛弃。

科技兔：内层循环判断这个数是不是质数。

科技兔：与内层循环并列的 if 选择语句，可以根据 flag 最终的值输出是质数的数字。

哈希鼠：不错嘛，一点就通！

科技兔：那是当然！我可是最强源码守护者！

哈希鼠：我考考你，sqrt(i) 中的 i 代表什么意思？

科技兔：这可难不倒我，i 是外层循环中的循环变量，外层每次循环的值都不同，从 2 一直遍历到 num。而 sqrt(i) 则代表 i 的算术平方根。

哈希鼠：那 flag 呢？为什么 flag 要在外层循环内初始化？

科技兔：因为外层每次循环时，都需要使用 flag，而 flag 又代表这个因数的个数，如果在循环外初始化，那么就需要在每次判断后将 flag 赋值 0，才能再进行下一次循环。

哈希鼠：没错，flag 变量在外层循环每次迭代时都要归零，否则将影响到程序的运行。

15.8　哥德巴赫猜想

哈希鼠：研究了这么久的质数，1742 年数学家哥德巴赫和欧拉提出一个猜想：任一大于 2 的偶数都可以写成两个质数之和。直到现在，这个猜想也没有彻底被证明出来。

互动课件 哥德巴赫猜想

哥德巴赫猜想是：任一大于2的偶数都能写为两个质数之和。

○ 科技兔：一直没证明出来？

○ 科技兔：要是我能够证明出来，我岂不也成为大数学家啦！哈哈哈！

○ 哈希鼠：你试试喽。

○ 科技兔：大于 2 的偶数……4 可以写为 2+2，6 可以写成 3+3……

○ 哈希鼠：有头绪了吗？

○ 科技兔：咳咳！证明所有偶数我可能……办不到。但是验证某一个偶数还是可以办得到的。

○ 哈希鼠：真的吗？那你验证一下 8 能够写成哪几个质数的和？

○ 科技兔：这还不简单：

```
01 #include <iostream>
02 #include <cmath>
03 using namespace std;
04 int main()
05 {
06     for (int i = 2; i <= 8; i++)
07     {
08         int front = i;     //将 i 赋值给前一个加数
09         int back = 8 - i; //将 8-i 赋值给后一个加数
10         int flagFront = 0;
11         //统计前一个加数的除 1 和自身的因数个数
12         int flagBack = 0;
13         //统计后一个加数的除 1 和自身的因数个数
14
15         //判断第一个加数是不是质数
```

```
16          if (front > 1)
17          {
18              //如果 front 不是质数，执行 flagFront = 1;
19
20
21
22
23
24
25
26
27
28
29          }
30      else
31          flagFront = 1;
32
33      //判断第二个加数是不是质数
34      if (back > 1)
35      {
36              //如果 back 不是质数，执行 flagBack = 1;
37
38
39
40
41
42
43
44
45
46      }
47      else
48          flagBack = 1;
49      //如果前一个加数和后一个加数都为质数
50      if (flagFront == 0 && flagBack == 0)
51          cout << front << "+" << back
```

```
52                          << "=" << 8 << endl;
53       }
54    return 0;
55  }
```

🐭哈希鼠：怎么这么复杂，你能说说这个代码的思路吗？

🐰科技兔：当然可以，首先外层循环从 2 遍历到 8。

🐰科技兔：外层循环体内先将每次遍历的 i 赋值给前一个加数 front，再将 8-i 赋值给后一个加数 back，声明变量 flagFront 和变量 flagBack 分别标记两个加数是不是质数：如果是质数，则变量不改变；如果不是质数，将变量的值赋值为 1。

🐰科技兔：循环内第一项是 if 与 for 嵌套结构，用来判断前一个加数是不是大于 1，因为质数是大于 1 的数；如果前一个加数大于 1，则判断前一个加数存不存在因数，如果有，就改变 flagFront 的值并跳出循环。

🐰科技兔：如果第一个加数小于等于 1，同样也改变 flagFront 的值。

🐰科技兔：下一个 if 与 for 的嵌套结构也是如此，先判断第二个加数是否大于 1，再判断后一个加数存不存在除 1 和自身以外的因数。

🐰科技兔：如果前后两个加数都是质数，则将这个组合输出出来。

🐭哈希鼠：为什么要在内层循环外添加 if-else 判断呢？

🐰科技兔：在判断前一个加数是不是质数时，在外层添加 if-else 判断是为了防止外层循环的起始值小于等于 1。

🐭哈希鼠：明白了，当前一个加数等于 7 的时候，后一个加数就是 1，当前一个加数等于 8 的时候，后一个加数就是 0。

🐰科技兔：没错！

🐭哈希鼠：这点我觉得可以优化。

🐰科技兔：我想想该怎么优化……

🐰科技兔：有了，将外层循环遍历的范围调整为 2~6，不就好了吗？

🐭哈希鼠：这样确实能解决问题，但还能更简化吗？

🐰科技兔：还要再简化？这该怎么办呢？

🐭哈希鼠：运行上述程序，我们将得到两对组合，3+5=8 和 5+3=8，这两者被认为是一个组合，只不过排列的顺序不同。

● 哈希鼠：也就是说，当我们判断了 3 和 5 都是质数，就不用再判断 5 和 3 都是质数了。

● 哈希鼠：对，我们只要判断出 2+6=8 与 3+5=8 以及 4+4=8 这三个组合中的质数组合即可。

● 哈希鼠：所以前一个加数只有 2，3，4 三种情况，后一个加数只有 4，5，6 这三种情况。

● 哈希鼠：又因为前一个加数的值等于外层循环变量 i，所以外层循环的遍历范围也缩小到 2~4。

互动课件　哥德巴赫猜想

```
验证8能否写为两个质数和
for(int i = 2; i <= 8; i++)
{
        int front = i;
        int back = 8-i;

        if ( front是质数 && back是质数 )
        {
                cout <<front<<"+"<<back<<"="<< 8 << endl;
        }
}
```

遍历了3就不用遍历5，其余的数字也一样，所以只用遍历2~8/2

● 科技兔：这么神奇？！

● 科技兔：如果我从键盘获取值，是不是外层循环遍历的范围也能缩小到 2~num/2 呢？

● 哈希鼠：当然可以，赶快试试吧。

```
01  #include <iostream>
02  #include <cmath>
03  using namespace std;
04  int main()
05  {
06      int num = 0;
07      cin >> num;
08      for (int i = 2; i <= num / 2; i++)
```

```
09        {
10            int front = i;        //将 i 赋值给前一个加数
11            int back = num - i; //将 8-i 赋值给后一个加数
12            int flagFront = 0, flagBack = 0;
13            //判断第一个加数是不是质数
14            for (int j = 2; j <= sqrt(front); j++)
15                if (front % j == 0)
16                {
17                    flagFront = 1;
18                    break;
19                }
20            //判断第二个加数是不是质数
21            for (int j = 2; j <= sqrt(back); j++)
22                if (back % j == 0)
23                {
24                    flagBack = 1;
25                    break;
26                }
27            //如果前一个加数和后一个加数都为质数
28            if (flagFront == 0 && flagBack == 0)
29            {
30                cout << front << "+" << back << endl;
31            }
32        }
33    return 0;
34 }
```

● 科技兔：这也太神奇了！

● 科技兔：为什么这次的代码不用判断 front 和 back 是否大于 1 了呢？

● 哈希鼠：因为外层循环遍历的范围是 2~num/2，已经不会出现加数小于等于 1 的情况。

● 科技兔：今天真是收获颇丰，我要赶紧消化一下今天学习的知识。

15.9 课堂总结

3 是质数吗？它有几个因数？分别是多少？

质数是大于 1 的数，且只能被 1 和自身整除的数，即因数的个数只有两个。3 的因数只有 1 和 3 自身，因数的个数是两个，所以 3 是质数。

sqrt()函数作用是什么?

sqrt()函数的作用是用来计算一个数的算术平方根,如 sqrt(16) 的值为 4,在程序中如果想要使用 sqrt() 函数,必须先引入 cmath 头文件。

证明哥德巴赫猜想时,为什么外层循环只用遍历到 num/2?

在验证哥德巴赫猜想时,两个质数相加有两种排列方式,但这被认为是同一组合,如 8 可以写为 3+5 和 5+3,但这两者被认为是同一组合,遍历了 3 就不用遍历 5,其余数字组合也相同,所以外层循环只用遍历到 num/2。

判断 88 是不是质数,最少需要循环多少次?

在判断 88 是不是质数时,想要知道最少循环多少次,则循环变量需要从 2 遍历到 sqrt(88),一共循环 8 次;但当变量的值等于 2 时,88 能被整除,则 88 不是质数,这时若使用 break 跳出循环,便只需循环 1 次。所以,最少需要循环 1 次。

15.10　随堂练习

1. **质数是什么?** (　)

　　A. 大于 1 且只有两个因数的数字

　　B. 大于 2 且因数小于 2 的数字

　　C. 质数就是奇数

　　D. 没有因数的数字

2. **0~10 之间有多少质数?** (　)

　　A. 4　　　　　B. 3　　　　　C. 5　　　　　D. 6

3. **判断 17 是否为质数,for 循环最少重复运行多少次?** (　)

　　A. 8　　　　　B. 3　　　　　C. 17　　　　　D. 15

4. **在 C++语言中 i<=sqrt(n)还可以写成什么?** (　)

　　A. i<=n/2　　　　B. i*i<=n　　　　C. n^2　　　　D. i=n*n

5. **验证哥德巴赫猜想,18 能够拆分成多少组不重复的质数之和?** (　)

A．2 组　　　　B．3 组　　　　C．5 组　　　　D．4 组

15.11　课后作业

1．质数判断（4216）。

2．验证哥德巴赫猜想（简单版）（2045）。

3．哥德巴赫猜想（2117）。

第16课　复习小结4

16.1　开场

各位同学好！第4阶段的复习环节准时到啦。

这节课中，我们将复习之前所学习的斐波拉契数列、质因数及多层循环的应用。在复习过程中，我们会向更广、更深的方向进行探索。通过这节课的学习，同学们肯定能够对所学知识有更深刻的认识。让我们一起开始吧。

- 判断一个数是否属于斐波拉契数列
- 小明爬楼梯
- 计算机内存单位
- 最大质因子
- break 和 continue

16.2　练一练

练习关卡 1

哈希鼠：科技兔，看这里！

科技兔：怎么了？

哈希鼠：有两个密码门，该走哪边呢？

科技兔：先看一看这个芯片里面有什么数据吧。似乎要判断数据是不是质数，再根据判断结果选择要进入的门。

关卡任务

拾取数据芯片，读取数据，判断数据是不是质数，如果是质数直走，如果不是质数右转，说出密码到达终点通关。

☑ 练习关卡1完美通关代码:

```
01 #include <iostream>
02 #include <cmath>
03 using namespace std;
04 int main()
05 {
06     int num, flag = 0;
07     cin >> num;
08     forward(2);
09     for (int i = 2; i <= sqrt(num); i++)
10     {
11         if (num % i == 0)
12         {
13             flag++;
14             break;
15         }
16     }
17     if (flag != 0)
18     {
19         right();
20     }
21     forward(3);
22     cout << num;
23     return 0;
24 }
```

🖽 练习关卡2

🔵哈希鼠: 为什么在入口这里就有一道门呀?

🔵科技兔: 空间太狭小了,赶快破译出密码吧。我快被挤死了。

关卡任务

在_中填入相同的数字(1~9),使等式成立:
_3*6528=3*8256,结果只有唯一的解,最终
将得到的结果输入密码门到达终点通关。

☑ 练习关卡2完美通关代码：

```
01 #include <iostream>
02 using namespace std;
03 int main()
04 {
05     for (int i = 1; i <= 9; i++)
06     {
07         if ((i * 10 + 3) * 6528 == (30 + i) * 8256)
08         {
09             cout << i;
10             forward(4);
11             left();
12             forward(4);
13             break;
14         }
15     }
16     return 0;
17 }
```

●布尔教授：应该还能再简洁一点。（虚拟布尔教授助手上线）

●哈希鼠：还能再简洁？

●科技兔：那该怎么写呢？

```
01 #include <iostream>
02 using namespace std;
03 int main()
04 {
05     int i = 1;
06     for (; (i * 10 + 3) * 6528 != (30 + i) * 8256;)
07     {
08         i++;
09     }
10     cout << i;
11     forward(4);
12     left();
13     forward(4);
14     return 0;
```

```
15 }
```

16.3 斐波拉契数列

虚拟布尔教授助手持续提问中……

布尔教授： 科技兔，还记得什么是斐波拉契数列吗？

科技兔：当然记得，不就是兔子数列嘛！除了第一项和第二项以外，其他每项都是前两项的和。

布尔教授： 之前学习了求斐波拉契数列的第 n 项，今天难度升级，如果输入一个大于 0 的正整数，需要判断这个数是不是斐波拉契数列的一员：如果这个数是斐波拉契数列的一员，就输出"yes"；否则，输出"no"。

科技兔：这个让我想想……

布尔教授： 首先，斐波拉契数列的前两项是不符合规律的，要先拿出来。

```
01 if (n == 1)
02 {
03     cout << "yes";
04     return 0;
05 }
```

科技兔：前面有两项，为什么只有一个 if 选择语句呢？

哈希鼠：因为前面两项都是 1 呀。

科技兔：原来如此！

布尔教授： 如果输入的数据大于 1，那后续该如何判断呢？

科技兔：可以使用 for 循环，在循环体内实现斐波拉契数列的数据计算与交换，一直循环到计算出的斐波拉契数列的第 n 项的值大于等于输入数据为止。

```
01 #include <iostream>
02 using namespace std;
03 int main()
04 {
05     int n;
06     int a = 1;
```

```
07    int b = 1;
08    cin >> n;
09    if (n == 1)
10    {
11        cout << "yes";
12        return 0;
13    }
14    for (; b < n;)
15    {
16        int temp = b;
17        b = a + b;
18        a = temp;
19        if (b == n)
20        {
21            cout << "yes";
22            return 0;
23        }
24    }
25    cout << "no";
26    return 0;
27 }
```

科技兔：首先定义一个变量 n，用来接收键盘输入的数据。

科技兔：定义一个变量 a 并初始化为 1，表示数列第一项。

科技兔：定义一个变量 b 并初始化为 1，表示数列第二项。

科技兔：通过 cin 获取从键盘输入的数据，将获取的数据传入变量 n。

科技兔：接下来就该进行判断了，刚刚也复习了，斐波拉契数列的前两项不符合规律，所以要单独进行判断。

科技兔：又因为斐波拉契数列的前两项的值都是 1，则只需要写一次 if 选择语句，就能判断 n 等于 1 时是否属于斐波拉契数列。

科技兔：显然，1 属于斐波拉契数列，即如果"n==1"成立，就输出"yes"，然后执行 return 0;结束这个程序。

哈希鼠：要是输入的数据大于 1，怎么办呢？

科技兔：如果输入的数据大于 1，则"n==1"不成立，就不执行 if

选择语句的内容，继续向下执行。

> 科技兔：之后执行 for 循环。

> 哈希鼠：这个 for 循环为什么这么奇怪？

> 哈希鼠：之前的关卡也是，布尔教授写的 for 循环也很奇怪。

> 科技兔：这个 for 循环没有起始值与步长值，只有循环的判断条件"b < n"，也就是说，这个 for 循环一直循环到判断条件"b < n"不成立为止。

> 哈希鼠：这段代码中的循环条件为什么是 b < n，而不是 b <= n？

> 科技兔：因为当 b 等于 n 时，就已经找到斐波拉契数列中的一个数，所以可以直接输出"yes"，并且 return 0;退出程序，不需要再继续循环。如果将循环条件改为 b <= n，会导致在 b 等于 n 时仍然会进行一次循环，这是不必要的。

互动课件　判断是否属于斐波拉契数列

for循环

```
for(; b < n; )                for循环不设起始值和步长，
{                             循环直到b<n不成立为止
    int c = a + b;
    a = b;
    b = c;                    内层定义变量c保存a+b的值

    if(b == n)
    {                         如果b==n成立，输出yes。
        cout << "yes";        执行return 0; 结束程序。
        return 0;
    }
}
```

> 科技兔：后面就是通过循环中的代码执行，将先前 b 的值赋值给 a，前两项的和赋值给 b。

> 科技兔：然后判断 b 与 n 的值是否相同，如果相同，则输出"yes"并结束程序。

> 科技兔：如果一直到循环结束都未能匹配 b 与 n，则输出"no"。

16.4 质因数

布尔教授：复习过斐波拉契数列，我们现在再回顾一下质因数吧。

科技兔：我知道，质数就是只有两个因数的数，这两个因数是 1 和它自身。

哈希鼠：还有一点哦，就是质数是大于 1 的数。

科技兔：嘿嘿！我知道，只是忘记说了。

布尔教授：我就出个题考考你，将 0、1、2、3、4、5、6 中的质数挑出来吧。

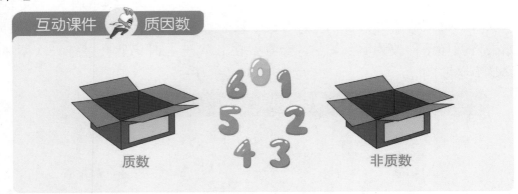

科技兔：首先质数是大于 1 的数，所以 0 和 1 不是质数。

科技兔：其次质数是只有两个因数的数字，数字 2 只有两个因数，分别是 1 和它自身，因此 2 是质数。

科技兔：同理，3 和 5 是质数，而 4 和 6 不是质数。

布尔教授：不错，那 -2 呢？它是质数吗？

科技兔：不是，质数是大于 1 的数，负数是小于 0 的数，所以不是质数。

布尔教授：6 可以写成哪两个质数的乘积呢？较大的质数是哪个？

科技兔：可以写成 2 乘以 3，较大的那个质数是 3。

布尔教授：科技兔的基础掌握得不错，接下来试着拓展一下吧。

科技兔：我已经迫不及待了！

布尔教授：已知正整数 num(6<= num <= 20000000000)，num 可以写为两个质数的乘积，求出较大的那个质数。

🐰科技兔：也不要直接出这么复杂的题目啊！

🐭哈希鼠：我们好好分析一下，应该也不会太困难。我们之前验证过一个大于 2 的偶数可以写作两个质数的和，这次可以使用类似的方法，上次是质数的和，这次是质数的积。

🐰科技兔：听你这么一说，我似乎有主意了。

```
01 #include <iostream>
02 #include <cmath>
03 using namespace std;
04 int main()
05 {
06     int num;
07     cin >> num;
08     for (int i = 2; i <= sqrt(num); i++)
09     {
10         int flag = 0;
11         for (int j = 2; j <= sqrt(i); j++)
12         {
13             if (i % j == 0)
14             {
15                 flag = 1;
16             }
17         }
18         if (flag == 0 && num % i == 0)
19         {
20             cout << num / i;
21             return 0;
22         }
23     }
24     return 0;
25 }
```

🐰科技兔：这个代码可以将能写成两个质数乘积的数拆分开来，并输出较大的质数。

🐰科技兔：首先，我们使用了 iostream 和 cmath 库。iostream 库

用于输入和输出，cmath 库用于进行数学运算，其中包含计算平方根的函数 sqrt()。

科技兔：接下来，我定义了一个整型变量 num，用于存储用户输入的数字。

科技兔：然后，我们使用了 for 循环来遍历从 2 到 num 的平方根之间的所有数字，其中 i 是正在被遍历的数字。

科技兔：我们之所以只需要遍历到 num 的平方根，是因为 num 不可以被分解成两个大于 num 的平方根的质数的乘积。所以其中一个因子一定小于或等于 num 的平方根，那么遍历了小的那个质数，就不用遍历大的那个质数。

互动课件　　求较大质数

```cpp
for(int i=2; i<=sqrt(num); i++)
{
    int flag = 0;
    for(int j=2; j<=sqrt(i); j++)
    {
        if(i%j==0)
        {
            flag = 1;
        }
    }
    if(flag == 0 && num%i == 0)
    {
        cout << num/i;
        return 0;
    }
}
```

> 外层循环从2到sqrt(num)遍历了i就不用遍历num/i

科技兔：在 for 循环的主体中，我首先定义了一个整型变量 flag，并将其初始化为 0。

科技兔：然后，我使用另一个 for 循环来遍历从 2 到 i 的平方根之间的所有数字，其中 j 是正在被遍历的数字。

科技兔：在这个循环中，我检查 i 是否为质数。如果 i 可以被 j 整除，则说明 i 不是质数，我们将 flag 设置为 1，跳出循环。

互动课件 求较大质数

```
for(int i=2; i<=sqrt(num); i++)
{
    int flag = 0;
    for(int j=2; j<=sqrt(i); j++)
    {
        if(i%j==0)
        {
            flag = 1;
        }
    }
    if(flag == 0 && num%i == 0)
    {
        cout << num/i;
        return 0;
    }
}
```

> 外层循环从2到sqrt(num)
> 遍历了i就不用遍历num/i

> 内层循环判断i是不是质数

科技兔：如果 i 不能被 j 整除，则说明 i 可能是质数，继续循环直到检查完 i 的所有可能的因子。

科技兔：接着，我们检查 flag 的值是否为 0 并且 num 是否可以被 i 整除。如果 flag 的值为 0 并且 num 可以被 i 整除，那么说明 num 可以被分解成 i 和 num/i 两个质数的乘积，我们输出 num/i，然后结束程序。

科技兔：最后，我们返回 0，表示程序执行成功。

互动课件 求较大质数

```
for(int i=2; i<=sqrt(num); i++)
{
    int flag = 0;
    for(int j=2; j<=sqrt(i); j++)
    {
        if(i%j==0)
        {
            flag = 1;
        }
    }
    if(flag == 0 && num%i == 0)
    {
        cout << num/i;
        return 0;
    }
}
```

> 外层循环从2到sqrt(num)
> 遍历了i就不用遍历num/i

> 内层循环判断i是不是质数

> 如果i能被整除就不是质数
> 如果i是质数并且num能被
> i整除
> 输出num/i，终止程序

16.5 小明爬楼梯

● **布尔教授**：接下来，我们看一看这样一道题。

● **布尔教授**：小明要爬 n 层楼梯，1<=n<=30。

● **科技兔**：小明可真是无所不能。

● **布尔教授**：咳咳！小明一次可以爬 1 层、2 层或 3 层，请问小明一共能采取多少种爬法？

● **科技兔**：有多少种爬法？

● **科技兔**：如果楼层数为 1，那么就只有一种爬法。

● **科技兔**：如果楼层为 2，那么可以一层一层地爬，也可以一次性爬两层楼。也就是说有两种爬法。

● **科技兔**：如果需要爬三层楼，可以 1 层 1 层地爬；也可以先爬 1 层，再爬 2 层；先爬 2 层，再爬 1 层也可以；还可以直接爬 3 层。一共有 4 种爬法。

科技兔：当楼层数为 1 和 2 时，爬楼的方法种数与楼层数相同。当楼层数为 3 时，爬楼的方法有 4 种。

```
01 int floor;
02 cin >> floor;
03 if (floor == 1 || floor == 2)
04 {
05     cout << floor;
06     return 0;
07 }
08 if (floor == 3)
09 {
10     cout << 4;
11     return 0;
12 }
```

科技兔：如果楼层数为 1 或者楼层数为 2 时，直接输出 floor，然后终止程序。

科技兔：如果楼层数为 3 则直接输出数字 4，然后终止程序。

布尔教授：说得不错，如果楼层数大于等于 4 层，该怎么计算爬楼的方法数呢？

科技兔：4 层以上？这也太复杂了吧。

布尔教授：以 4 层为例，小明若是第 1 次爬 1 层，剩下 3 层，3 层楼共有 4 种爬法。

布尔教授：小明若是第 1 次爬 2 层，剩下 2 层，2 层楼共有 2 种爬法。

布尔教授：小明若是第 1 次爬 3 层，剩下 1 层，1 层楼只有 1 种爬法。

布尔教授：所以一共有 7 种爬法。

互动课件　小明爬楼梯

爬四层楼有多少种爬法呢？

第 1 次爬 1 层，剩下三层，三层共有 4 种爬法

第 2 次爬 2 层，剩下两层，两层共有 2 种爬法

第 3 次爬 3 层，剩下一层，一层共有 1 种爬法

爬法总数 4+2+1=7（种）

科技兔：原来是这样。

布尔教授：如果是 5 层楼梯呢？

科技兔：小明若是第一次爬 1 层，还剩 4 层，4 层的楼梯总共有 7 种爬法。

科技兔：小明若是第一次爬 2 层，还剩 3 层，3 层的楼梯总共有 4 种爬法。

科技兔：小明若是第一次爬 3 层，还剩 2 层，2 层的楼梯总共有 2 种爬法。

科技兔：爬法总数就是 7+4+2，一共 13 种爬法。

布尔教授：若是将楼层的层数扩展到 n 层呢？

科技兔：小明若是第一次爬 1 层，还剩 n-1 层。

科技兔：小明若是第一次爬 2 层，还剩 n-2 层。

科技兔：小明若是第一次爬 3 层，还剩 n-3 层。

布尔教授：没错，只要我们将每次计算得到的楼层爬法总数存储下来，就能计算后续楼层爬法的总数了。

```
01 #include <iostream>
02 using namespace std;
03 int main()
04 {
05     int floor;
06     cin >> floor;
07     if (floor == 1 || floor == 2)
08     {
09         cout << floor;
10         return 0;
11     }
12     if (floor == 3)
13     {
14         cout << 4;
15         return 0;
16     }
17     int a = 1;
```

```
18      int b = 2;
19      int c = 4;
20      int sum;
21      for (int i = 4; i <= floor; i++)
22      {
23          sum = a + b + c;
24          a = b;
25          b = c;
26          c = sum;
27      }
28      cout << sum;
29      return 0;
30  }
```

布尔教授：如果输入的数字大于 3，我们就要用循环来推导出这个数字。我们定义了 3 个变量 a、b、c，它们分别表示小明爬到第 i-3、第 i-2 和第 i-1 层楼梯的方法总数。接着，我们使用一个 for 循环，从 4 开始一直循环到输入的数字。

布尔教授：循环过程中，每次计算 a、b、c 的和，并将结果存储到 sum 变量中，然后将 a、b、c 分别向后移动一位，以便计算下一个数字。最后，输出 sum 的值即可。

布尔教授：需要注意的是，在推导方法总数时，我们必须保证每个变量的初始值正确。另外，循环条件的范围也要设置正确，以避免出现越界的情况。

16.6　break 与 continue

布尔教授：我们之前学习过 break。

布尔教授：我们在使用 break 时，可以直接跳出循环。

布尔教授：今天将介绍另外一个关键字：continue。

布尔教授：continue 语句也用于循环中，但不同于 break，continue 语句不会停止循环，而是跳过当前循环中的剩余语句，继续执行下一次循环。

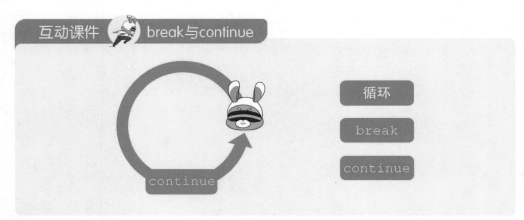

科技兔：也就是说，break 是跳出整个循环，continue 是跳出此次循环。

布尔教授：了解了 break 和 continue 的区别，我们来巩固一下吧。

布尔教授：下面这段代码会输出什么内容呢？

```
01 for (int i = 0; i <= 10; i++)
02 {
03     if (i % 2 != 0)
04     {
05         continue;
06     }
07     cout << i << " ";
08 }
```

科技兔：这段代码是一个 for 和 if 嵌套结构，外层循环变量是从 0 遍历到 10。内层 if 的判断条件是 i%2 != 0，如果判断条件成立，就执行 continue，跳出这次循环，进入下一次循环。

科技兔：也就是说，如果 i 是奇数，则跳出此次循环，进入下一次循环。

科技兔：所以得到的结果是 "0 2 4 6 8 10"。

布尔教授：如果将 continue 换成 break 呢？

```
01 for (int i=0; i<=10; i++)
02 {
03     if(i%2 != 0){break;}
04     cout << i << " " ;
05 }
```

科技兔：如果将 continue 换成 break，则如果 i%2 != 0 成立，就执行 break，跳出整个循环。

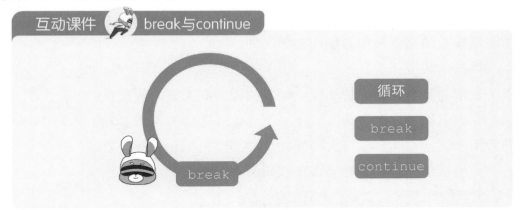

科技兔：也就是说，如果 i 是奇数就跳出整个循环。

科技兔：在第一次循环中，i 的值是 0，所以循环的 i%2 != 0 不成立，则按顺序往后执行，输出"0"。

科技兔：然后执行 i++，i 的值变为 1，这时 i%2 != 0 成立，执行 break，跳出整个循环。

16.7　知识拓展

布尔教授：接下来，我们学习一下计算机内存单位有关的知识吧。

布尔教授：计算机内存单位是指用来衡量计算机数据存储和处理能力的标准化单位。常见的计算机单位包括：位（bit）、字节（byte）、千字节（KB）、兆字节（MB）、千兆字节（GB）、太字节（TB）等。

科技兔：这些单位从来都没听过……

哈希鼠：教授你可以介绍一下吗？

布尔教授：当然可以！

布尔教授：位（bit）：是计算机存储和处理数据的最小单位，通常表示为 0 或 1，它是二进制数的基本组成单位。8 位组成一个字节。

布尔教授：字节（byte）：是计算机处理信息的基本单位，通常由 8 个比特（bit）组成，可以存储一个字符，如一个字母或数字。

●布尔教授：千字节（KB）：是 1024 字节，通常用于表示存储容量较小的文件。

●布尔教授：兆字节（MB）：是 1024 * 1024 字节，通常用于表示存储容量较大的文件，如音频和视频文件。

●布尔教授：千兆字节（GB）：是 1024 * 1024 * 1024 字节，通常用于表示存储容量更大的文件，如高清视频和大型游戏文件。

●布尔教授：太字节（TB）：是 1024 * 1024 * 1024 * 1024 字节，通常用于表示存储容量极大的文件，如高清电影和服务器数据。

●科技兔：1TB 够存储多少代码呀？

●布尔教授：计算机中的存储单位是怎样换算的呢？以下是常见计算机单位的换算关系：

```
1 KB = 1024 B
1 MB = 1024 KB = 2^20 B
1 GB = 1024 MB = 2^20 KB = 2^30 B
1 TB = 1024 GB = 2^20 MB = 2^30 KB = 2^40 B
```

●科技兔：为什么 1KB = 1024B，而不是等于 1000B 呢？

●布尔教授：1KB 等于 1024B 的原因是计算机在进行数据存储和处理时使用的是二进制系统。在二进制系统中，2 的 n 次方能够表示的数字个数正好是 n 个，因此在计算机中，存储器的大小通常采用 2 的 n 次方来表示，如 2^10，2^20 等。

●布尔教授：因此，1KB 实际上是指 1024 个字节，而不是 1000 个字节。这是因为 1024 是 2 的 10 次方，而不是 1000。虽然在计算机存储器的设计中，有些厂商也使用了以 1000 为基础的计算方式，但是在通常情况下，

1KB、1MB、1GB 等单位都是以 1024 为基础来计算的。

科技兔：原来如此，怪不得我的 U 盘的实际大小与标注的大小有差异。

布尔教授：我们在编程当中使用数据类型，如 int，char，float，double 等数据类型，在使用过程中也会占用内存空间。

布尔教授：int：是表示整数的数据类型，占用 4 个字节（32 位），可以表示的范围是从 -2147483648 到 2147483647 之间的整数。这个范围是由 2 的 31 次方来决定的，即 -2^{31} 到 $2^{31}-1$，因为正负号各占用一位二进制位，所以实际上只有 31 位用来表示数字。

布尔教授：float：是表示单精度浮点数的数据类型，占用 4 个字节（32 位），可以表示的范围为 $\pm 3.40282347 \times 10^{38}$，精度为 7 位小数。

布尔教授：double：是表示双精度浮点数的数据类型，占用 8 个字节（64 位），可以表示的范围为 $-1.79769313486231570 \times 10^{308}$ 到 $+1.79769313486231570 \times 10^{308}$，精度为 15 位小数。

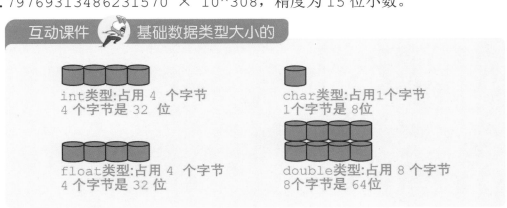

互动课件　基础数据类型大小的

int类型:占用 4 个字节
4 个字节是 32 位

char类型:占用1个字节
1个字节是 8位

float类型:占用 4 个字节
4 个字节是 32 位

double类型:占用 8 个字节
8个字节是 64位

16.8 随堂练习

1. 一个 32 位整型变量占用多少个字节？（　）

　　A. 8　　　　　B. 4　　　　　C. 32　　　　　D. 128

2.1TB 代表的字节数是多少？（　）

　　A. 2 的 30 次方　　　　B. 2 的 40 次方

　　C. 2 的 20 次方　　　　D. 2 的 10 次方

目 录

CONTENTS

Lesson 2

✎ 选择题

（1）以下哪个是 cout 无法实现的功能？（　　）

    A．加上双引号可以输出中文

    B．加上双引号可以输出英文

    C．加上双引号可以做计算

    D．可以输出数字

（2）下列哪个是输出时用于换行的？（　　）

    A．end   B．endl   C．endi   D．endL

（3）下列哪个符号是作为语句结束的标志？（　　）

    A．.   B．,   C．;   D．:

（4）下列哪种说法是错误的？（　　）

    A．C++编译器可以打印出中文

    B．除了打印的内容，在编写代码过程中只能用英文字符

    C．除了打印的内容，在编写代码过程中可以中英文字符混用

    D．在一段代码中，没有输出语句，并不会报错

（5）想要得到 843 加 156 的结果，以下代码正确的是（　　）。

    A．cout << 843 + 156;   B．cout << 843 加 156;

    C．cout << 843 + 156   D．cout << 843 加 156

✎ 完善程序题

（1）计算 12345*54321。

```
01 #include <iostream>
02 using namespace std;
```

```
03 int main()
04 {
05       _____
06       return 0;
07 }
```

（2）打印一个如下图的图形。

```
01 #include <iostream>
02 using namespace std;
03 int main()
04 {
05       cout << "*" << endl;
06       cout << "***" << endl;
07       _____
08       return 0;
09 }
```

✎ 程序改错题

（1）下面代码的功能是向世界问好，输出"Hello World!"，不需要输出双引号。代码中一共有 3 处错误，请你找出并改正。

```
01 #include <iostream>
02 using namespace std;
03 int main()
04 {
05       cout << "hello World"
06       return 0;
07 }
```

1.行号：　　　　　　　　　　改正：

2.行号:　　　　　　　　改正:

3.行号:　　　　　　　　改正:

（2）科技兔在科技兔编程世界中走的路径为向前走三步，左转，向前一步，右转，向前一步。代码中一共有 5 处错误，请你找出并改正。

```
01 #include <iostream>
02 using namespace std;
03 int main()
04 {
05     forward(1);
06     right();
07     Forward(1);
08     right;
09     return 0;
10 }
```

1.行号:　　　　　　　　改正:

2.行号:　　　　　　　　改正:

3.行号:　　　　　　　　改正:

4.行号:　　　　　　　　改正:

5.行号:　　　　　　　　改正:

（3）下面代码的功能是打印一个 3 行 5 列的"O"字长方形，如下图所示，代码中一共有 7 处错误，请你找出并改正。

```
O  O  O  O  O
O  O  O  O  O
O  O  O  O  O
```

```
01 #include <iostream>
02 using namespace std
03 int main
04 {
05     cout << "OOOOO" >> endl
06     cout << "OOOOO" << endl;
07     cout << "OOOOO" << end;
08     return 0
09 }
```

1.行号：   改正：

2.行号：   改正：

3.行号：   改正：

4.行号：   改正：

5.行号：   改正：

6.行号：　　　　　　　改正：

7.行号：　　　　　　　改正：

程序题

（1）完成 121 与 432 的加法、减法，加法和减法的结果之间需要换行。

（2）让计算机输出如下图形。

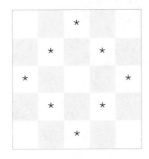

输出：

```
    *
  *   *
*       *
  *   *
    *
```

Lesson 3

✎ 选择题

（1）以下说法错误的是（　）。

  A．在读入这个变量前，必须先定义

  B．可以先读入变量，再定义

  C．可以用 float 存储小数

  D．可以用 double 存储小数

（2）下列哪一个语句和其他 3 个语句的意思不同？（　）

  A．a++;   B．a += 1;

  C．a =+ 1;   D．a = a + 1;

（3）有如下代码，输出的结果为（　）。

```
01 #include <iostream>
02 using namespace std;
03 int main()
04 {
05     int a;
06     a = 98;
07     a = 99;
08     a = a + 2;
09     a = a - 2;
10     cout << a;
11     return 0;
12 }
```

  A．99   B．100   C．101   D．98

（4）假设已有变量 a，且 a 的值为 10，下列哪段代码可以将 a 的值更新为 15？（　）

  A．a *= 5;   B．a += 5;

  C．a /= 5;   D．a -= 5;

（5）下列哪一个语句具有输入的作用？（　　）

  A. in   B. cin   C. out   D. cout

✎ 完善程序题

（1）计算 a+b 的和。

```
01 #include <iostream>
02 using namespace std;
03 int main()
04 {
05     int a, b, c;
06     a = 10, b = 5;
07     _____
08     cout << c;
09     return 0;
10 }
```

（2）从键盘读入 a 和 b 的值，将 a 赋值为 b，并输出 a。

```
01 #include <iostream>
02 using namespace std;
03 int main()
04 {
05     int a, b;
06     cin >> a >> b;
07     _____
08     cout << a;
09     return 0;
10 }
```

✎ 程序改错题

（1）下列代码输出的结果为 123.4。代码一共有 3 处错误，请你找出并改正。

```
01 #include <iostream>
02 using namespace std;
03 int main()
04 {
05     int a;
06     a = 123.4;
07     a = 123;
08     cout >> a;
09     return 0;
10 }
```

　1.行号：　　　　　　　　改正：

　2.行号：　　　　　　　　改正：

　3.行号：　　　　　　　　改正：

（2）下列代码输出的结果为整数 a 除以整数 b。代码中一共有 5 处错误，请你找出并改正。

```
01 #include <iostream>
02 using namespace std;
03 int mian()
04 {
05     int a b;
06     cin >> a b;
07     cout << a * b;
08     return 0
09 }
```

　1.行号：　　　　　　　　改正：

9

2.行号：　　　　　　　　　　改正：

3.行号：　　　　　　　　　　改正：

4.行号：　　　　　　　　　　改正：

5.行号：　　　　　　　　　　改正：

（3）下列代码为读入两个整数，输出这两个数做四则运算的算式，算式之间用换行隔开，例如输入 10 5，输出如下算式。代码中一共有 7 处错误，请你找出并改正。

```
10+5=15
10-5=10
10*5=50
10/5=2
```

```cpp
01 #include <iostream>
02 using namespace std;
03 int main
04 {
05     int a,b
06     cin >> a >> b;
07     cout << a << "+" << b << "=" << a+b << endL;
08     cout << a << "-" << b << "=" << a-b << endl;
09     cout >> a << "*" << b << "=" << a*b << endl;
10     cout << a << "\" << b << "=" << a\b;
11     return0;
12 }
```

1.行号：　　　　　　　　　改正：

2.行号：　　　　　　　　　改正：

3.行号：　　　　　　　　　改正：

4.行号：　　　　　　　　　改正：

5.行号：　　　　　　　　　改正：

6.行号：　　　　　　　　　改正：

7.行号：　　　　　　　　　改正：

✐ 程序题

（1）只申请两个整数类型的变量，输入这两个变量，计算和，如 10+5=？并列出算式。

输入：

10 5

输出：

10+5=15

（2）给定被除数和除数（均为正整数），求整数商。

输入：

    10 3

输出：

    3

Lesson 5

✎ 选择题

（1）想要让 for 循环内的循环体循环 7 次，下列写法正确的是（　　）。

    A．For(int i = 1; i <= 7; i++)

    B．for(int i = 1; i <= 7; i++)

    C．For(int i = 1; i <= 7; i++;)

    D．for(int i = 1; i <= 7; i++);

（2）想要让整数类型的变量 i 的值减少 1，下列写法错误的是（　　）。

    A．i--;　　　　　　　　　　　B．i-=1;

    C．i=-1;　　　　　　　　　　D．i=i-1;

（3）for 循环结构由哪两部分组成？（　　）

    A．循环条件和循环体

    B．循环条件和循环次数

    C．循环起点和循环终止点

    D．以上说法都不对

（4）按照从大到小的顺序输出 1~n 之间所有的整数，下列写法正确的是（　　）。

    A．for(int i = n; i >= 1;i--)

        cout << i;

    B．for(int i = n; i <= 1;i++)

        cout << i;

    C．for(int i = n; i >= 1;i++)

        cout << i;

    D．for(int i = n; i >= 1,i--)

        cout << i;

（5）for 循环的循环次数由哪几个关键值控制？（　　）

　　A．结束值、步长值

　　B．起始值、持续值、步长值

　　C．起始值、结束值、步长值

　　D．起始值、速度值

✏ 完善程序题

　　使用 for 循环输出 1~1000 之间所有的数，数与数之间需要换行。请完善以下代码。

```cpp
01 #include <iostream>
02 using namespace std;
03 int main()
04 {
05     for (_____)
06     {
07         cout << i << endl;
08     }
09     return 0;
10 }
```

✏ 程序改错题

　　（1）下列代码为输入正整数 n，输出 1~n 之间的所有奇数，数与数之间需要换行。代码中一共有 3 处错误，请你找出并改正。

```cpp
01 #include <iostream>
02 using namespace std;
03 int main()
04 {
05     int n;
06     for (int i = 1; i < n; i++)
07     {
08         cout << i << endl;
```

```
09        }
10     return 0;
11 }
```

1.行号：　　　　　　　　改正：

2.行号：　　　　　　　　改正：

3.行号：　　　　　　　　改正：

（2）下列代码为输入正整数 n，输出 1~n 之间的所有偶数，数与数之间需要换行。代码中一共有 5 处错误，请你找出并改正。

```
01 #include <iostream>
02 using namespace std;
03 int main()
04 {
05     cin >> n;
06     for (i = 1; i <= n; i++)
07     {
08         cout << i << " ";
09     }
10     return 0;
11 }
```

1.行号：　　　　　　　　改正：

2.行号：　　　　　　　　改正：

3.行号：　　　　　　　　　改正：

4.行号：　　　　　　　　　改正：

5.行号：　　　　　　　　　改正：

✎ 程序题

（1）给定一个正整数 n，从 1 打印到 n，再从 n-1 打印到 1，数与数之间要用空格隔开。

输入：

　5

输出：

　1 2 3 4 5 4 3 2 1

（2）给定一个正整数 n，输出 1~n 之间所有的偶数，数与数之间要用空格隔开。

输入：

    10

输出：

    2 4 6 8 10

（3）给定 2 个正整数 n、m（0<m<7<n），输出 m~n 之间所有 7 的倍数的数，数与数之间要用换行隔开。

输入：

20 1

输出：

7

14

Lesson 6

（1）下列说法错误的是（   ）。

    A．if 结构，我们可以理解为如果……就……

    B．else，我们可以理解为否则

    C．if 的后面要加上条件

    D．else 的后面要加上条件

（2）以下哪个运算符在 C++中是错误的？（   ）

    A．<=   B．==   C．!=   D．!!

（3）判断变量 a 是否为偶数，以下代码正确的是（   ）。

    A．if(a%2==0);

    B．if(a%2!=0);

    C．if(a%2==0)

    D．if(a%2!=0)

（4）判断变量 a 是否为末尾含 3 的数，以下代码正确的是（   ）。

    A．if(a%10==3);

    B．if(a%3==10);

    C．if(a%10==3)

    D．if(a%3==10)

（5）以下说法错误的是（   ）。

    A．顺序结构是指程序按照自上而下的顺序执行每一条代码

    B．循环结构是指程序重复执行一部分代码

    C．选择结构是指程序根据判断结果运行不同的代码

    D．在一个 C++程序中，不能同时存在两种及两种以上的结构

✏️ 完善程序题

（1）if 语句判断正整数 a 是否为 3 的倍数，是则输出 YES。

```cpp
01 #include <iostream>
02 using namespace std;
03 int main()
04 {
05     int a;
06     cin >> a;
07     if_____
08     {
09         cout << "YES";
10     }
11     return 0;
12 }
```

（2）if 语句判断正整数 a 是否是两位数（即大于等于 10 且小于等于 99），若该正整数是两位数则输出 YES，否则输出 NO。

```cpp
01 #include <iostream>
02 using namespace std;
03 int main()
04 {
05     int a;
06     cin >> a;
07     if_____
08     {
09         cout << "YES";
10     }
11     else
12     {
13         cout << "NO";
14     }
15     return 0;
16 }
```

✏ 程序改错题

（1）下列代码为判断 b 是否为 a 的倍数，如果是，输出 Yes，否则输出 No。代码中一共有 3 处错误，请你找出并改正。

```
01 #include <iostream>
02 using namespace std;
03 int main()
04 {
05     int a, b;
06     cin >> a >> b;
07     if (b / a = 0)
08     {
09         cout << "Yes";
10     }
11     else
12     {
13         cout << "no";
14     }
15     return 0;
16 }
```

1.行号：　　　　　　改正：

2.行号：　　　　　　改正：

3.行号：　　　　　　改正：

（2）下列代码为从键盘任意读入 2 个整数，从中找出最小的一个数进行输出。代码中一共有 7 处错误，请你找出并改正。

```
01 #include <iostream>
02 using namespace std;
```

21

```
03 int main
04 {
05      int a,b
06      cin << a << b ;
07      if(a < b)
08      {
09          cout >> a;
10      }
11      else(a > b)
12      {
13          cout >> a;
14      }
15      return;
16 }
```

1.行号：   改正：

2.行号：   改正：

3.行号：   改正：

4.行号：   改正：

5.行号：   改正：

6.行号：   改正：

7.行号：   改正：

（1）这天小明要为班级采购铅笔，一支铅笔 1 元钱，班级里有 a 位同学，若小明有 b 元钱，请你帮他判断一下能否让每位同学至少有一支铅笔：如果可以，输出 yes；否则，输出 no。

输入：

　　5 6

输出：

　　yes

（2）读入一个正数 a，判断公元 a 年是否能被 4 整除但是不能被 100 整除：如果是，输出 Y；否则，输出 N。

输入：

1996

输出:

Y

Lesson 7

✏️ 选择题

（1）什么叫嵌套结构？（　）

    A．将一个结构写在另一个结构前面

    B．将一个结构写在另一个结构里面

    C．将一个结构写在另一个结构后面

    D．将两个结构写在同一行上

（2）下面哪个符号在 C++ 中表示逻辑运算非？（　）

    A．&　　　　B．&&　　　　C．!　　　　D．||

（3）以下代码的输出结果是（　）。

```
01 int a=5,b=6,c=7;
02 if (b > a)
03 {
04     if (a > c)
05     {
06         cout << b;
07     }
08 }
```

    A．5　　　　B．6　　　　C．7　　　　D．无输出

（4）下列关于因数的说法错误的是（　）。

    A．如果 b 是 a 的因数，那么 b 一定小于等于 a

    B．如果 b 是 a 的因数，那么一定有 a%b==0

    C．如果 a 是 b 的因数，那么一定有 b/a==0

    D．如果 a 是 b 的因数，那么一定有 b%a==0

（5）在科技兔编程世界中，下列哪个语句可以判断地面是否破损？（　）

A. if(isbroken())

B. if(build())

C. if(toggle())

D. if(lighted())

完善程序题

（1）以下代码为倒序输出 a~b 之间（包含 a、b 本身）的所有偶数，输入时确保 a 小于 b，输出时数与数之间用空格隔开。

```
01 #include <iostream>
02 using namespace std;
03 int main()
04 {
05     int a,b;
06     cin >> a >> b;
07     _____
08     {
09         if (i % 2 == 0)
10         {
11             cout << i << " ";
12         }
13     }
14     return 0;
15 }
```

（2）以下代码为输出所有个位为 5 的三位数，数与数之间用空格隔开。

```
01 #include <iostream>
02 using namespace std;
03 int main()
04 {
05     for (int i = 100; i <= 999; i++)
06     {
07         _____
08         {
```

```
09          cout << i << " ";
10       }
11    }
12    return 0;
13 }
```

✎ 程序改错题

（1）下列代码为输入一个正整数 n，判断 n 是否为一个两位数且个位等于 8：如果是，则输出 Yes；否则，无输出。代码中一共有 3 处错误，请你找出并改正。

```
01 #include <iostream>
02 using namespace std;
03 int main()
04 {
05    int n;
06    cin >> n;
07    if (n >= 10 || n <= 99)
08    {
09        if (n / 10 == 8)
10        {
11            cout << "yes";
12        }
13    }
14    return 0;
15 }
```

1.行号：　　　　　　改正：

2.行号：　　　　　　改正：

3.行号：　　　　　　改正：

（2）下列代码为给定两个正整数 m、n（m<n），判断在 m~n 的区间内，有哪些数的个位是 5 的倍数，并从小到大输出这些数，数与数之间用空格隔开。代码中一共有 5 处错误，请你找出并改正。

```
01 #include <iostream>
02 using namespace std;
03 int main()
04 {
05     int m n;
06     cin >> m >> n;
07     for (int i = n; i <= m; i++)
08     {
09         if (i % 10 % 5 == 0)
10         {
11             cout << n;
12         }
13     }
14     return 0;
15 }
```

1.行号：   改正：

2.行号：   改正：

3.行号：   改正：

4.行号：   改正：

5.行号：   改正：

程序题

（1）输入一个正整数 n，输出 1~n 之间所有是 4 的倍数的数，数与数之间用换行符隔开。

输入：

10

输出：

4

8

（2）从键盘读入一个正整数 n，再读入 n 个正整数，输出这 n 个数中个位数字等于 4 的数，数与数之间用空格隔开。

输入：

5

1 4 35 7 14

输出：
   4 14

Lesson 9

✏ 选择题

（1）什么是循环嵌套结构？（　）

    A．一个循环结构内部再嵌套另一个选择结构

    B．将一个结构写在另一个结构里面

    C．一个循环结构内部再嵌套另一个循环结构

    D．循环嵌套结构只能写成两个 for 循环嵌套的形式

（2）循环嵌套结构由哪几部分组成？（　）

    A．内层循环和外层循环

    B．外层循环和循环变量

    C．内层循环和外层循环变量

    D．内层循环和外层循环体

（3）打印由 5 行 5 列的"*"组成的正方形时，外层循环总共循环多少次？（　）

    A．1   B．20   C．25   D．5

（4）什么时候该使用循环嵌套？（　）

    A．当步骤存在重复时

    B．当事物的重复部分存在重复时

    C．需要进行判断时

    D．当科技兔推箱子时

（5）以下代码将输出多少个"*"？（　）

```
01 for (int i = 0; i < 5; i++)
02 {
03     for (int j = 0; j <= 5; j++)
04     {
05         cout << "*";
```

```
06     }
07     cout << endl;
08 }
```

    A. 6   B. 30   C. 25   D. 5

✎ 完善程序题

（1）以下代码为打印由 3 行 10 列的 "*" 组成的矩阵，请补全缺失代码。

```
01 #include <iostream>
02 using namespace std;
03 int main()
04 {
05     _____
06     {
07         _____
08         {
09             cout << "*";
10         }
11     _____
12     }
13     return 0;
14 }
```

（2）以下代码为使用 for 循环嵌套输出由 49 个 "*" 组成的正方形。

```
01 #include <iostream>
02 using namespace std;
03 int main()
04 {
05     _____
06     {
07         _____
08         {
09             cout << "*";
10         }
```

```
11          cout << endl;
12      }
13      return 0;
14 }
```

✎ 程序改错题

（1）以下代码为打印由 3 行 3 列的"#"组成的矩阵，代码中一共有 3
处错误，请你找出并改正。

```
01 #include <iostream>
02 using namespace std;
03 int main()
04 {
05      for (int i = 0; i < 3; i++)
06      {
07          for (int j = 0; j <= 3; j++)
08          {
09              cout << "*";
10          }
11      }
12      cout << endl;
13      return 0;
14 }
```

1.行号：　　　　　　　改正：

2.行号：　　　　　　　改正：

3.行号：　　　　　　　改正：

（2）以下代码为输入两个正整数 n、m，输出由 n 行 m 列的 "@" 组成的矩阵，代码中一共有 5 处错误，请你找出并改正。

```
01 #include <iostream>
02 using namespace std;
03 int main()
04 {
05     int n, m;
06     cin << n << m;
07     for (int i = 0; i < m; i++)
08     {
09         for (int j = 0; j < n; j++)
10         {
11             cout << "@";
12         }
13         cout << endl
14     }
15     return;
16 }
```

1.行号：　　　　　　　　改正：

2.行号：　　　　　　　　改正：

3.行号：　　　　　　　　改正：

4.行号：　　　　　　　　改正：

5.行号：　　　　　　　　改正：

（1）给定两个正整数 m，n（int 范围之内），输出由 m 行 n 列的 "&"组成的矩阵。

输入：

   2 3

输出：

   &&&

   &&&

（2）使用 for 循环嵌套打印出如下图所示的矩阵。

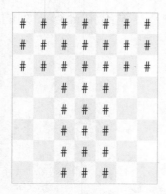

输出：

```
######
######
######
   ###
   ###
   ###
   ###
   ###
```

Lesson 10

✏ 选择题

（1）使用 for 循环嵌套打印正方形和正直角三角形的区别是什么？（ ）

    A．外层 for 循环的起点

    B．外层 for 循环的终点

    C．内层 for 循环的起点

    D．内层 for 循环的终点

（2）观察以下代码，打印的是一个什么样的图形？（ ）

```
01 for (int i = 1; i <= 4; i++)
02 {
03     for (int j = 1; j < 5; j++)
04     {
05         cout << "*";
06     }
07     cout << endl;
08 }
```

    A．正方形　　　　　　B．长方形

    C．正三角形　　　　　D．倒三角形

（3）观察以下代码，打印的是一个什么样的图形？（ ）

```
01 for (int i = 1; i <= 4; i++)
02 {
03     for (int j = 1; j <= 7; j++)
04     {
05         cout << "*";
06     }
07     cout << endl;
08 }
```

    A．正方形　　　　　　B．长方形

    C．正三角形　　　　　D．倒三角形

（4）有如下代码，想要输出一个由 4 行的"*"组成的正三角形，请问在代码的① ② 两处填什么内容？（　）

```
01 for (int i = 1; i <=①  ; i++)
02 {
03     for (int j = 1; j <=②  ; j++)
04     {
05         cout << "*";
06     }
07     cout << endl;
08 }
```

　A．4，4　　　　　 4，i　　　　　 C．i，4　　　　　 D．j，4

✎ 完善程序题

（1）以下代码为输入一个正整数 m，输出由 m 行 m-1 列的"*"组成的矩形。

```
01 #include <iostream>
02 using namespace std;
03 int main()
04 {
05     int m;
06     cin >> m;
07     _____
08     {
09         _____
10         {
11             cout << "*" << " ";
12         }
13         cout << endl;
14     }
15     return 0;
16 }
```

（2）以下代码为使用 for 循环嵌套输出如下图形。

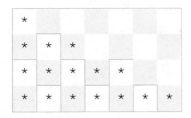

```
01 #include <iostream>
02 using namespace std;
03 int main()
04 {
05     for (int i = 1; i <= 4; i++)
06     {
07         _____
08         {
09             cout << "*";
10         }
11         cout << endl;
12     }
13     return 0;
14 }
```

✎ 程序改错题

（1）下列代码为输出一个由"*"组成的 3 行直角三角形。代码中一共有 3 处错误，请你找出并改正。

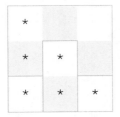

```
01 #include <iostream>
02 using namespace std;
03 int main()
```

```
04 {
05     for (int i = 1; i <= 3; i++);
06     {
07         for (int j = 1; j <= 3; j++)
08         {
09             cout << "*";
10         }
11     }
12     return 0;
13 }
```

1.行号：　　　　　　　　　改正：

2.行号：　　　　　　　　　改正：

3.行号：　　　　　　　　　改正：

（2）下列代码为输入一个正整数 n，输出 n 行 n-1 列的"*"，且统计一共有多少个"*"，最终输出"*"的出现个数。代码中一共有 5 处错误，请你找出并改正。

```
01 #include <iostream>
02 using namespace std;
03 int main()
04 {
05     int n, sum;
06     cin >> n;
07     for (int i = 1; i < n; i++)
08     {
09         for (int j = 1; j <= n; j++)
10         {
11             sum++;
```

```
12          }
13          cout << endl;
14      }
15      cout >> sum;
16      return 0;
17 }
```

1.行号：   改正：

2.行号：   改正：

3.行号：   改正：

4.行号：   改正：

5.行号：   改正：

（3）输入一个正整数 n，请输出一个由"*"和"#"组成的矩形，矩形沿对角线分开，左下方为由"*"组成的正三角形，右上方为由"#"组成的倒三角形。

例如，n 为 3 的时候输出：

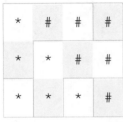

以下一共有 7 处错误，请你找出并改正。

```
01 #include <iostream>
02 using namespace std;
03 int main()
04 {
05     itn n;
06     cin >> n;
07     for (int i = 1; i <= n; i++)
08     {
09         for (int j = 1; j <= n; j++)
10         {
11             cout << "*";
12         }
13         cout << endl;
14         for (int j = i; j >= n; i++)
15         {
16             cout << #;
17         }
18     }
19     return 0;
20 }
```

1.行号：　　　　　　　改正：

2.行号：　　　　　　　改正：

3.行号：　　　　　　　改正：

4.行号：　　　　　　　改正：

5.行号：　　　　　　　改正：

6.行号： 改正：

7.行号： 改正：

✎ 程序题

（1）利用 for 循环输出如下图案：

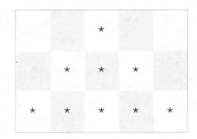

输出：

```
    *
  * * *
* * * * *
```

43

（2）给定一个正整数 n（int 范围之内），输出以下形式的数字三角形。

输入：

　　10

输出：

```
1
23
456
7890
12345
678901
2345678
90123456
789012345
6789012345
```

Lesson 11

✎ 选择题

（1）根据我们上次课学习的找最大值的算法，找到 4 个数中最大的数至少需要多少个 if 语句？（   ）

  A．3 次   B．4 次

  C．5 次   D．6 次

（2） 有三个整数 a=123，b=234，t，你的任务是将 a 和 b 的值进行交换，下列写法正确的是（   ）。（多选）

```
A.t = a;
  a = b;
  b = t;
B.t = b;
  b = a;
  a = t;
C.b = t;
  a = b;
  t = b;
D.a = t;
  a = b;
  b = t;
```

（3）下列哪个变量名是合法的？（   ）

  A．m a x   B．-min

  C．maxn   D．1max

（4）找出 a，b 两个数中最大的数，如果两数相等，输出任一数字。下面 if 选择语句后括号内的判断条件应为（   ）。（多选）

```
01 if(      )
```

```
02 {
03     cout << a;
04 }
05 else
06 {
07     cout << b;
08 }
```

A. a > b   B. a < b

C. a == b   D. a >= b

（5）输入 5 45 1，下列代码将会输出什么结果？（ ）

```
01 int a, b, c;
02 cin >> a >> b >> c;
03 if (a <= b && a <= c)
04 {
05     cout << a;
06 }
07 else if (b <= c && b <= a)
08 {
09     cout << b;
10 }
11 else if (c <= b && c <= a)
12 {
13     cout << c;
14 }
```

A. 1   B. 5   C. 45   D. 0

✎ 完善程序题

（1）输入两个正整数 a、b，按照从小到大的顺序输出，数与数之间用空格隔开。

```
01 #include <iostream>
02 using namespace std;
```

```
03 int main()
04 {
05     int a, b, t;
06     cin >> a >> b;
07     if (a > b)
08     {
09         _____
10         _____
11         _____
12     }
13     cout << a << " " << b;
14     return 0;
15 }
```

（2）输入三个正整数 a、b、c，输出其中最小的数。

```
01 #include <iostream>
02 using namespace std;
03 int main()
04 {
05     int a, b, c;
06     cin >> a >> b >> c;
07     if (a <= b && a <= c)
08     {
09         cout << a;
10     }
11     else if (b <= a && b <= c)
12     {
13         cout << b;
14     }
15     _____
16     {
17         cout << c;
18     }
19     return 0;
20 }
```

（1）下列代码为输入 3 个正整数 a、b、c，输出 3 个数中最大的那个数。代码中一共有 3 处错误，请你找出并改正。

```
01 #include <iostream>
02 using namespace std;
03 int main()
04 {
05     int a, b, c;
06     cin >> a >> b >> c;
07     if (a >= b & a >= c)
08     {
09         cout << a;
10     }
11     else if (b >= a & b >= c)
12     {
13         cout << b;
14     }
15     else;
16     {
17         cout << c;
18     }
19     return 0;
20 }
```

1.行号:　　　　　　　　改正:

2.行号:　　　　　　　　改正:

3.行号:　　　　　　　　改正:

（2）下列代码为读入 3 个整数 a，b，c(0<=a，b，c<=10000)，通过

定义 max_num 的方式输出 3 个数中最大的数。代码中一共有 3 处错误，请你找出并改正。

```
01 #include <iostream>
02 using namespace std;
03 int main()
04 {
05     int a, b, c, max_num;
06     cin >> a >> b >> c;
07     max_num = a;
08     if (max_num > b)
09     {
10         max_num = b
11     }
12     if (max_num < c);
13     {
14         max_num = c;
15     }
16     cout << max_num;
17     return 0;
18 }
```

1.行号：   改正：

2.行号：   改正：

3.行号：   改正：

✎ 程序题

（1）输入 4 个整数（int 范围之内），输出这 4 个数中最大的那个数。

输入：
```
    1 2 3 4
```
输出：
```
    4
```

（2）输入 4 个整数（int 范围之内），输出这 4 个数中最小的那个数。
输入：

1 2 3 4

输出：

1

Lesson 13

✏️ 选择题

（1）下列数据类型对应错误的是（　　）。

    A．整数类型：int
    B．单精度浮点型：float
    C．双精度浮点型：long long
    D．字符类型：char

（2）一个 12 位的整数可以存在哪种类型的变量中？（　　）

    A．int
    B．long long
    C．float
    D．char

（3）下列 C++代码符号中表示本行注释开始的是（　　）。

    A．#
    B．;
    C．//
    D．{

（4）下列关于 for 循环，说法正确的是（　　）。

    A．for(int i=10;i>1;i++)是无限循环
    B．for(int i=10;;i++)会提示编译错误
    C．for(int i=1;i<=0;i++)会进入 2 次循环
    D．for(int i=10;i<=10;i--)不是无限循环

✏️ 完善程序题

输入两个正整数 a、b，保证 a<b，将 a 和 b 之间（包含 a 和 b）所有的整数相加，并输出结果。

```
01 #include <iostream>
02 using namespace std;
03 int main()
04 {
05     int a, b, sum = 0;
06     cin >> a >> b;
```

```
07      _____
08      _____
09      _____
10      _____
11      cout << sum;
12      return 0;
13 }
```

程序改错题

（1）下列代码为输入一个正整数 n（0<=n<31），求 2 的 n 次方。代码中一共有 3 处错误，请你找出并改正。

```
01 #include <iostream>
02 using namespace std;
03 int main()
04 {
05      int n, sum = 0;
06      cin >> n;
07      for (int i = 1; i < n; i++)
08      {
09          sum = sum * sum;
10      }
11      cout << sum;
12      return 0;
13 }
```

1.行号：　　　　　　　改正：

2.行号：　　　　　　　改正：

3.行号：　　　　　　　改正：

（2）有一只小猴子，拥有 n 个桃子，第一天吃桃子数量的一半（向下取整）再吃一个，第二天吃桃子的一半再吃一个……求第 k 天还剩下多少个桃子，并输出。代码中一共有 4 处错误，请你找出并改正。

```cpp
01 #include <iostream>
02 using namespace std;
03 int main()
04 {
05     int n,k;
06     cin >> n >> k
07     for (int i = 1; i <= n; i++)
08     {
09         n=n%2;
10         n--;
11         if (n < = 0)
12         {
13             cout << 0;
14             return 0;
15         }
16     }
17     cout << k;
18     return 0;
19 }
```

1.行号：　　　　　　　改正：

2.行号：　　　　　　　改正：

3.行号：　　　　　　　改正：

4.行号：　　　　　　　改正：

 程序题

（1）在社会实践活动中有三项任务，分别是种树、采茶、送水。依据小组人数及男生、女生人数决定小组的接受任务。

人数小于 10 人的小组负责送水（输出 water）；

人数大于等于 10 人且男生多于女生的小组负责种树（输出 tree）；

人数大于等于 10 人且男生不多于女生的小组负责采茶（输出 tea）。

输入小组男生人数、女生人数，输出小组接受的任务（两个数均为非负整数，且不大于 2147483647）。

输入：

```
10 5
```

输出：

```
tree
```

（2）已知：S＝1＋2＋3＋…＋n。现输入一个整数 k，要求计算出一个最小的 n，使得 S>k。

输入：

    10

输出：

    5

Lesson 14

✎ 选择题

（1）在猜数游戏中，想要保证产生的随机数是在 1~99 以内的，应该怎么处理？（　）

　　A．对 10 取余　　　　　　　　　　B．整除 10

　　C．对 100 取余　　　　　　　　　　D．整除 100

（2）斐波拉契数列除第 1 项和第 2 项外，第 n 项的值是如何构成的？（　）

　　A．第 n-2 项和第 n-1 项的和

　　B．第 n-1 项加上 2

　　C．第 n-3 项和第 n-2 项的和

　　D．第 n-1 项的 2 倍

（3）下列哪个是做猜数游戏需要用到的头文件？（　）

　　A．#include <cstdlib>

　　B．#include <cmath>

　　C．#include <cstring>

　　D．#include <algorithm>

（4）time()是在哪个头文件里调用的？（　）

　　A．#include <time>

　　B．#include <ctime>

　　C．#include <iostream>

　　D．#include <cstdlib>

（5）在猜数游戏中，这个数的范围在 1~50，最少需要几次一定可以猜中这个数？（　）

　　A.5 次　　　　　　　B.6 次　　　　　　　C.7 次　　　　　　　D.8 次

（1）以下代码为猜数游戏的一部分，其中 a 为随机值，b 为输入的值。

```
01 cin >> b;
02 _____
03 {
04     cout <<  "大了，请继续" << endl;
05 }
```

（2）以下代码为生成一个随机值，并将这个随机值对 100 取余，确保能得到一个两位数。

```
01 #include <iostream>
02 _____
03 _____
04 using namespace std;
05 int main()
06 {
07     srand((unsigned)time(NULL));
08     int a = rand() % 100;
09     cout << a;
10     return 0;
11 }
```

程序改错题

（1）以下代码为输入 10 个正整数，求在这 10 个数中整数 5 出现的次数。代码中一共有 3 处错误，请你找出并改正。

```
01 #include <iostream>
02 using namespace std;
03 int main()
04 {
05     int a, sum;
06     for (int i = 1; i <= 10; i++)
07     {
```

```
08          if (a = 5)
09          {
10              sum++;
11          }
12      }
13      cout << sum;
14      return 0;
15 }
```

    1.行号：   改正：

    2.行号：   改正：

    3.行号：   改正：

（2）科技兔家有一块西瓜地，他今天准备请小伙伴吃西瓜。热情好客的科技兔想要摘一个最大的西瓜，请你帮帮他，找到这个最大的西瓜。已知西瓜地里有 10 个西瓜，输入每个西瓜的重量，西瓜的重量在 -2147483648~2147483647 之间（你没看错，西瓜的重量居然有负的！）。代码中一共有 4 处错误，请你找出并改正。

```
01 #include <iostream>
02 using namespace std;
03 int main()
04 {
05     int maxn = 0;
06     int a;
07     for (int i = 1; i < 10; i++)
08     {
09         cin >> a;
10         if (maxn > a)
11         {
```

```
12            maxn = a;
13        }
14    }
15    cout << a;
16    return 0;
17 }
```

1.行号：　　　　　　　改正：

2.行号：　　　　　　　改正：

3.行号：　　　　　　　改正：

4.行号：　　　　　　　改正：

（3）在奥运会上，A 国的运动员参与了 n 天的决赛项目（1<=n<=17），输入有 n+1 行，第一行是 A 国参与决赛项目的天数 n，后面 n 行，每一行是该国某一天获得的金、银、铜牌数目。现在需要统计 A 国所获得的金、银、铜牌总数目以及总奖牌数，按金、银、铜、总奖牌数顺序输出，数与数之间用空格隔开。代码中一共有 4 处错误，请你找出并改正。

```
01 #include <iostream>
02 using namespace std;
03 int main()
04 {
05     int j, y, t, sumj = 0, sumy = 0, sumt;
06     int n;
07     cin >> n;
08     for (int i = 1; i <= n; i++)
09     {
10         cin >> j >> y >> t;
```

```
11          sumj = sumj + j;
12          sumy = sumy + j;
13          sumt = sumt + t;
14      }
15      cout << sumy << " ";
16      cout << sumy << " ";
17      cout << sumt << " ";
18      return 0;
19  }
```

1.行号：　　　　　　　　改正：

2.行号：　　　　　　　　改正：

3.行号：　　　　　　　　改正：

4.行号：　　　　　　　　改正：

✎ 程序题

（1）输入 n 个整数(-2147483648<=n<=2147483647)，计算这些整数的绝对值的和。

输入：

5

-1 2 3 4 5

输出：

15

（2）有一口深 h 米的井，井底有一只青蛙，每天白天青蛙会沿着井壁向上爬 m 米，而夜晚它会下滑 n 米（h>m>n）。对于任意的 h，m，n，请写出程序计算青蛙多少天能够爬出井外。输入三个正整数 h，m，n，输出青蛙爬出井所需要的天数。

输入：

　　10 5 3

输出：

　　4

Lesson 15

✎ 选择题

（1）下列哪个数是"水仙花数"？（　）
    A．12　　　　　　　　　　　B．153
    C．15　　　　　　　　　　　D．11

（2）一个 for 循环嵌套结构，外层 for 循环循环 10 次，内层 for 循环循环 7 次，有一行代码在外层 for 循环内、内层 for 循环外，那么这行一共会执行多少次？（　）
    A．7 次　　　　　　　　　　B．10 次
    C．17 次　　　　　　　　　　D．70 次

（3）下列哪个结构是最能够简化程序代码行的？（　）
    A．顺序结构
    B．选择结构
    C．循环结构
    D．以上结构都不能简化代码

（4）下面有关于 for 循环的正确描述是（　）。
    A．for 循环只能用于循环次数已经确定的情况
    B．for 循环是先执行循环语句，后判断表达式
    C．在 for 循环中，不能用 break 语句跳出循环体
    D．for 循环的循环体语句中，可以包含多条语句，但必须用花括号括起来

（5）在 C++ 语言中，下列哪个变量名是不合法的？（　）
    A．a　　　　　B．a1　　　　　C．1a　　　　　D．_a

✎ 完善程序题

（1）以下代码包含三层循环，第一层为外层循环，第二层为中间层循环，第三层为内层循环，现在需要统计内层循环总共循环多少次，最终输出 num 的值表示内层循环循环的总次数。

```cpp
01 #include <iostream>
02 using namespace std;
03 int main()
04 {
05     _____
06     for (int i = 1; i <= 5; i++)
07     {
08         for (int j = 1; j <= 5; j++)
09         {
10             for (int k = 1; k <= 5; k++)
11             {
12                 num++;
13             }
14         }
15     }
16     cout << num;
17     return 0;
18 }
```

（2）以下代码为输出所有是 3 的倍数的 3 位数。

```cpp
01 #include <iostream>
02 using namespace std;
03 int main()
04 {
05     _____
06     {
07         if (i % 3 == 0)
08         {
09             cout << i << endl;
10         }
11     }
```

```
12        return 0;
13 }
```

✏ 程序改错题

（1）以下代码为输入 n 个正整数，将其中所有奇数求和并输出。代码中一共有 3 处错误，请你找出并改正。

```
01 #include <iostream>
02 using namespace std;
03 int main()
04 {
05     int n,sum=0,a;
06     cin >> n;
07     for (int i = 1; i <= n; i++)
08     {
09         sum = sum + a;
10     }
11     cout >> sum;
12     return 0;
13 }
```

1.行号：   改正：

2.行号：   改正：

3.行号：   改正：

（2）以下代码为计算出所有的"水仙花数"，数与数之间用空格隔开。代码中一共有 5 处错误，请你找出并改正。

67

```
01 #include <iostream>
02 using namespace std;
03 int main()
04 {
05     for (int i = 100; i <= 900; i++)
06     {
07         int g=i/10;
08         int s=i/10%10;
09         int b=i/100%10;
10         if (g * g * g + s * s * s + b * b = i)
11         {
12             cout << i;
13         }
14     }
15     return 0;
16 }
```

1.行号：　　　　　　　改正：

2.行号：　　　　　　　改正：

3.行号：　　　　　　　改正：

4.行号：　　　　　　　改正：

5.行号：　　　　　　　改正：

已知四位数 3025 有一个特殊性质：它的前两位数字 30 和后两位数字 25 的和是 55，而 55 的平方刚好是 3025。请你编写一段代码，输出所有具有这种性质的四位数，数与数之间用空格隔开。

例：$3025:30+25=55$，$55^2=3025$。

＿＿＿ 目 录
CONTENTS

Lesson 1

✎ 选择题

（1）计算机最早被发明，是用于做什么事情？（　）

　　A．开发游戏　　　　　　　　　B．破译密码

　　C．数学计算　　　　　　　　　D．移动支付

（2）下列哪个是 C++代码中正确输出＊的语句？（　）

　　A．Cout << "*";　　　　　　B．cout << "*"

　　C．cout << '*'　　　　　　　D．cout << "*";

（3）以下哪个指令可以让科技兔在科技兔编程世界前进 3 步？（　）

　　A．Forward(3);　　　　　　　B．forward(3);

　　C．left(3);　　　　　　　　　D．Left(3);

（4）以下哪一项是科技兔编程世界中的右转？（　）

　　A．forward();　　　　　　　　B．left();

　　C．right();　　　　　　　　　D．return();

✎ 完善程序题

（1）打印一个由 "#" 组成的图形，形状如下：

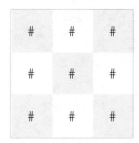

```
01 #include <iostream>
02 using namespace std;
03 int main()
04 {
05     cout << "###" << endl;
```

1

```
06      _____
07      cout << "###" << endl;
08      return 0;
09 }
```

（2）输出自己的中文名字，内容如下：

科技兔

```
01 #include <iostream>
02 using namespace std;
03 int main()
04 {
05      _____
06      return 0;
07 }
```

✏ 程序改错题

（1）下面代码的功能是打印一个由 3 行的"#"组成的三角形，如下图所示。代码中一共有 3 处错误，请你找出并改正。

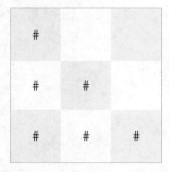

```
01 #include <iostream>
02 using namespace std;
03 int main()
04 {
05      cout << # << endl;
06      cout << "##" << end;
07      cout << "###"
```

```
08        return 0;
09 }
```

1.行号: _____   改正: _____

2.行号: _____   改正: _____

3.行号: _____   改正: _____

（2）下面代码的功能是计算整数 32 和 8 的和、差、积、商，结果之间需要换行。代码中一共有 5 处错误，请你找出并改正。

```
01 #include <iostream>
02 using namespace std;
03 int main()
04 {
05        cout << "32+8" << endl;
06        cout << 32-8 << endl
07        cout << 32^8;
08        cout << 32//8;
09        return 0;
10 }
```

1.行号: _____   改正: _____

2.行号: _____   改正: _____

3.行号: _____   改正: _____

4.行号：　　　　　　　　　　改正：

5.行号：　　　　　　　　　　改正：

（3）下面代码的功能是打印一个由 5 行的"＊"组成的菱形，如下图所示。代码中一共有 7 处错误，请你找出并改正。

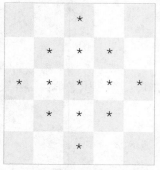

```
01 #include <iostream>
02 using namespace std;
03 int mian()
04 {
05     cout << " *   " << end;
06     cot << "  ** " << endl;
07     cout << "*****" << endl;
08     cout << " ***" >> endl;
09     cout << "  *"
10     return 0;
11 }
```

1.行号：　　　　　　　　　　改正：

2.行号：　　　　　　　　　　改正：

3. 行号：   改正：

4. 行号：   改正：

5. 行号：   改正：

6. 行号：   改正：

7. 行号：   改正：

✎ 程序题

（1）打印一个如下所示的图案。

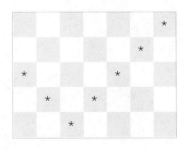

输出：

```
        *
      *
  *   *
  * *
    *
```

（2）计算 12345 与 54321 的积，将结果输出。

Lesson 2

选择题

（1）在 C++ 代码中，如何定义一个整型变量 a？（   ）

    A．int a;　　　　　　　　　　B．int a

    C．in a;　　　　　　　　　　　D．in a

（2）在 C++ 代码中，已经定义了一个整型变量 a，如何输入这个变量 a？（   ）

    A．cin >> a　　　　　　　　　B．cin >> a;

    C．cin << a;　　　　　　　　　D．cin a;

（3）以下说法错误的是（   ）。

    A．我们可以用 int 来定义整数类型的变量

    B．我们可以用 int 来定义小数类型的变量

    C．变量必须先定义才能用来储存数据

    D．变量必须先定义才能输入数据

（4）下列数据类型对应正确的选项是（   ）。

    A．字符类型：int　　　　　　　B．单精度浮点数类型：int

    C．双精度浮点数类型：int　　　D．整数类型：int

（5）以下操作可以将已经定义好的整数类型变量 a 赋值的有（   ）。（多选）

    A．cin >> a;　　　　　　　　　B．cout >> a;

    C．a = 10;　　　　　　　　　　D．a == 10;

完善程序题

（1）读入一个整数类型的变量 a，值为 9，输出时 a 的值为 10。

```
01 #include <iostream>
02 using namespace std;
03 int main()
04 {
```

```
05      int a;
06      cin >> a;
07      _____
08      cout << a;
09      return 0;
10 }
```

（2）读入一个整数类型的变量 a，值为 9，输出时 a 的值为 90。

```
01 #include <iostream>
02 using namespace std;
03 int main()
04 {
05      int a;
06      cin >> a;
07      _____
08      cout << a;
09      return 0;
10 }
```

✎ 程序改错题

（1）下面代码的功能为读入两个整数，输出这两个整数的商。代码中一共有 3 处错误，请你找出并改正。

```
01 #include <iostream>
02 using namespace std;
03 int main()
04 {
05      int a b;
06      cin >> a, b;
07      cout << a // b;
08      return 0;
09 }
```

1.行号：　　　　　　　改正：

2.行号: 改正:

3.行号: 改正:

（2）下面代码的功能为读入 3 个整数，输出这 3 个整数的和。代码中一共有 5 处错误，请你找出并改正。

```
01 #include <iostream>
02 using namespace std;
03 int main()
04 {
05     int a,b,c d
06     cin >> a << b >> c;
07     d = a + b;
08     cout >> d;
09     return 0;
10 }
```

1.行号: 改正:

2.行号: 改正:

3.行号: 改正:

4.行号: 改正:

5.行号: 改正:

9

（3）下面代码的功能为将整数类型变量 a 赋值为 100，通过一系列运算（先将 a 乘以 10，再将 a 减去 1），最后输出的结果为 999。代码中一共有 7 处错误，请你找出并改正。

```
01 #include <iostream>
02 using namespace std;
03 int main()
04 {
05     float a;
06     a == 100;
07     a =* 10;
08     a = a + 1;
09     cout >> a
10     return0;
11 }
```

1.行号：　　　　　　　改正：

2.行号：　　　　　　　改正：

3.行号：　　　　　　　改正：

4.行号：　　　　　　　改正：

5.行号：　　　　　　　改正：

6.行号：　　　　　　　改正：

7.行号：　　　　　　　　改正：

✏ 程序题

（1）从键盘读入 3 个整数 a、b、c，输出表达式 (a+b)*c 的值。
输入：
　　1 5 8
输出：
　　48

（2）从键盘输入两个整数，输出它们做四则运算的结果，加法、减法、乘法、除法的结果之间需要换行。
　　输入：
　　　　50 2
　　输出：

11

52
48
100
25

Lesson 3

✏ 选择题

（1）有以下代码：

```
01 for (int i = 1; i <= 3; i++)
02 {
03     cout << i << " ";
04 }
```

输出的结果是（　　）。

    A．1 2 3 　　　　　　　　　B．1 3

    C．1 2 3 4 　　　　　　　　D．1

（2）在下列步骤中，哪一项是不属于 for 循环的基本构成的？（　　）

    A．起始值 　　　　　　　　B．终止值

    C．步长值 　　　　　　　　D．递归

（3）下列说法错误的是（　　）。

    A．利用 for 循环可以帮我们简化重复的代码

    B．使用 for 循环一定可以让代码行数变得更少

    C．for 循环的代码是由循环条件和循环体组成

    D．循环体表示需要重复的内容

（4）要让 for 循环中的循环体循环 10 次，下列哪个循环条件是正确的？（　　）

    A．for(int i=1;i<=10;i++);

    B．for(int i=1;i<=10;i++;)

    C．for(int i=1;i<10;i++)

    D．for(int i=1;i<=10;i++)

（5）有以下代码：

```
01 for (int i = 1; i < 3; i++)
02 {
03     cout << "你好！" << endl;
04 }
```

输出的结果是（　　）。

A．你好！

你好！

你好！

B．你好！

你好！

C．你好！你好！

D．你好！

✎ 完善程序题

（1）使用 for 循环从大到小输出 1~100 所有的整数，数与数之间需要换行。

```cpp
01 #include <iostream>
02 using namespace std;
03 int main()
04 {
05     for (_____)
06     {
07         cout << i << endl;
08     }
09     return 0;
10 }
```

（2）使用 for 循环从小到大输出 1~100 的所有奇数，数与数之间需要换行。

```cpp
01 #include <iostream>
02 using namespace std;
03 int main()
04 {
05     for (_____)
06     {
07         cout << i << endl;
```

```
08      }
09      return 0;
10 }
```

（1）此段代码为使用 for 循环打印 100 个 hello，每一行一个 hello。代码中一共有 3 处错误，请你找出并改正。

```
01 #include <iostream>
02 using namespace std;
03 int main()
04 {
05      for (i = 1; i = 100; i++)
06      {
07          cout << hello << endl;
08      }
09      return 0;
10 }
```

1.行号：   改正：

2.行号：   改正：

3.行号：   改正：

（2）此段 C++ 代码输出的结果为 1~1000 之间的整数，输出的数字之间无分隔符。代码中一共有 5 处错误，请你找出并改正。

```
01 #include <iostream>
02 using namespace std;
03 int mian()
```

15

```
04 {
05     for (it i = 1; i < 1000; i++)
06     {
07         cout << "i"
08     }
09     return 0;
10 }
```

1.行号：　　　　　　　　改正：

2.行号：　　　　　　　　改正：

3.行号：　　　　　　　　改正：

4.行号：　　　　　　　　改正：

5.行号：　　　　　　　　改正：

✎ 程序题

（1）输入一个正整数 n，输出 1~n 之间所有是 7 的倍数的数，数与数之间用空格隔开。

输入：
30
输出：
7 14 21 28

（2）使用 for 循环，让计算机从 1 打印到 100，再从 100 打印到 1，每个数字之间用空格隔开。

输出：

1 2 3 4 5 6 ⋯ 99 100 100 99 98 97 ⋯ 5 4 3 2 1

复习小结1

✎ 程序题

（1）输入两个正整数 a、b（0<a,b<=2147483647），将这两个数倒序输出，数与数之间用空格隔开。

　　输入：
```
56 99
```
　　输出：
```
99 56
```

（2）输入一个正整数 n(1<=n<=10000)，再输入 n 个正整数（每个数在 0~100000 之间），将每个数都加 3 之后输出，数与数之间用空格隔开。

　　输入：
```
5
23 561 33 2 9
```
　　输出：
```
26 564 36 5 12
```

（3）输入 3 个正整数 a、b、c(1<=a,b,c<=1000)，请计算 a*b/c 的值并输出。

输入：

    5 7 3

输出：

    11

Lesson 5

✏ 选择题

（1）下列哪一个不属于程序的三种基本结构？（　　）

    A.顺序结构　　　　　　　　　　B．搜索结构

    C．选择结构　　　　　　　　　　D．循环结构

（2）if 语句的小括号中需要填写什么？（　　）

    A．起始值　　　　　　　　　　　B．终止值

    C．步长值　　　　　　　　　　　D．判断条件

（3）已知 int i=0，x=1，y=0;，在下列选项中，能使得 i 的值变成 1 的语句是（　　）。

    A.

```
01 if (x == i)
02 {
03     i++;
04 }
```

    B.

```
01 if (x == y)
02 {
03      i++;
04 }
```

    C.

```
01 if (x != y)
02 {
03     i++;
04 }
```

    D.

```
01 if (x == 0)
02 {
03     i++;
04 }
```

（4）具有条件判断功能的命令是（ ）。

    A．cin   B．cout

    C．if   D．for

（5）判断变量 a 是否为正数，以下代码正确的是（ ）。

    A．if (a >= 0)   B．if (a > 0)

    C．if a > 0   D．If (a <= 0)

✎ 完善程序题

（1）以下代码为判断变量 n 是否为奇数，如果 n 是奇数，输出 yes，否则输出 no。

```
01 #include <iostream>
02 using namespace std;
03 int main()
04 {
05     int n;
06     cin >> n;
07     _____
08     {
09         cout << "yes";
10     }
11     else
12     {
13         cout << "no";
14     }
15     return 0;
16 }
```

（2）以下代码为判断变量 n 是否为 5 的倍数，如果 n 是 5 的倍数，输出 yes，否则输出 no。

```
01 #include <iostream>
02 using namespace std;
03 int main()
04 {
```

```
05     int n;
06     cin >> n;
07     _____
08     {
09       cout << "yes";
10     }
11     else
12     {
13       cout << "no";
14     }
15     return 0;
16 }
```

✎ 程序改错题

（1）以下代码为判断整数 a 是否为正数，如果 a 是正数，输出 yes，否则输出 no。代码中一共有 3 处错误，请你找出并改正。

```
01 #include <iostream>
02 using namespace std;
03 int main()
04 {
05     cin >> a;
06     if (a > 0);
07     {
08       cout << "yes";
09     }
10     else (a <= 0)
11     {
12       cout << "no";
13     }
14     return 0;
15 }
```

1.行号：　　　　　　　　改正：

2.行号：   改正：

3.行号：   改正：

（2）以下代码为判断输入的整数 n 末位是否为 8，如果 n 的末位为 8，输出 Yes，否则输出 No。代码中一共有 5 处错误，请你找出并改正。

```
01 #include <iostream>
02 using namespace std;
03 int main()
04 {
05     int n;
06     if (n % 8 == 0)
07     {
08         cout << "yes";
09     }
10     else;
11     {
12         cout << "No";
13
14     return 0;
15 }
```

    1.行号：   改正：

    2.行号：   改正：

    3.行号：   改正：

    4.行号：   改正：

5.行号: 　　　　　　　　改正:

（3）以下代码为给定一个正整数 n，判断 n 是否既是 6 的倍数，又是末位为 6 的数。如果是，则输出 Yes；否则，输出 No。代码中一共有 7 处错误，请你找出并改正。

```
01 #include <iostream>
02 using namespace std;
03 int main()
04 {
05     int n;
06     cin >> n
07     if (n / 6 == 0 || n % 10 = 6);
08     {
09         cout << "Yes";
10
11     else
12     {
13         cout << "no";
14     }
15     return 0;
16 }
```

1.行号: 　　　　　　　　改正:

2.行号: 　　　　　　　　改正:

3.行号: 　　　　　　　　改正:

4.行号: 　　　　　　　　改正:

5.行号：　　　　　　　　改正：

6.行号：　　　　　　　　改正：

7.行号：　　　　　　　　改正：

✎ 程序题

（1）小强参加了考试，得到的成绩是 a 分（0<=a<=100）。考试的成绩大于等于 60 分及格。请你帮忙看一看小强这门课考试及格了吗？如果及格了，请输出 yes；如果没有及格，输出 no。

输入：

93

输出：

yes

（2）给定一个正整数n，请判断这个数n能否被3整除；如果能，输出YES；否则，输出NO。

输入：

    893

输出：

    NO

Lesson 6

✏ 选择题

（1）关于下列代码说法错误的是（　）。

```
01 for (int i = 1; i <= 100; i++)
02 {
03     if (i % 3 == 0)
04     {
05         cout << i;
06     }
07 }
```

    A．在这里，for 循环是嵌套的外层

    B．在这里，for 循环是嵌套的内层

    C．这段代码会输出 1 到 100 中所有 3 的倍数

    D．这段代码会循环 100 次，并在每次循环中进行条件判断

（2）在科技兔编程世界中，下列哪个语句可以判断路面是否破损？（　）

    A．if(isbroken())

    B．if(build())

    C．if(toggle())

    D．if(lighted())

（3）以下关于嵌套结构说法错误的是（　）。

    A．可以将 for 循环和 if 语句嵌套

    B．可以将 for 循环和 for 循环嵌套

    C．可以将 if 语句和 if 语句嵌套

    D．最多只可以嵌套三个 for 循环

（4）输出 1~100 以内所有 4 的倍数，以下代码正确的是（　）。

    A．

```
01 for (int i = 1; i <= 100; i++)
02 {
03     if (i % 4 == 0)
```

27

```
04      {
05          cout << i << " ";
06      }
07 }
```

B.

```
01 for (int i = 1; i <= 100; i--)
02 {
03      if (i % 4 == 0)
04      {
05          cout << i << " ";
06      }
07 }
```

C.

```
01 for (int i = 1; i <= 100; i++)
02 {
03    if (i % 4 == 0);
04    {
05        cout << i << " ";
06    }
07 }
```

D.

```
01 for (int i = 1; i <= 100; i++)
02 {
03    if (i / 4 == 0)
04    {
05        cout << i << " ";
06    }
07 }
```

（5）下面哪个符号在C++中表示逻辑运算与？（　　）

A．&　　　　　B．&&　　　　C．|　　　　D．||

✎ 完善程序题

（1）以下代码为使用嵌套结构输出1~n之间的所有奇数，输出时数与数之间用空格隔开。

```
01 #include <iostream>
02 using namespace std;
03 int main()
04 {
05     int n;
06     cin >> n;
07     for (int i = 1; i <= n; i++)
08     {
09         _____
10         {
11             cout << i << " ";
12         }
13     }
14     return 0;
15 }
```

（2）以下代码为输出 1~100 中所有末位为 9 的数，数与数之间用空格隔开。

```
01 #include <iostream>
02 using namespace std;
03 int main()
04 {
05     for (int i = 1; i <= 100; i++)
06     {
07         _____
08         {
09             cout << i << " ";
10         }
11     }
12     return 0;
13 }
```

✎ 程序改错题

（1）以下代码为输出 1~n 之间所有既是 3 的倍数又是 7 的倍数的数，数

与数之间用空格隔开。代码中一共有 3 处错误，请你找出并改正。

```cpp
01 #include <iostream>
02 using namespace std;
03 int main()
04 {
05     int n;
06     cin >> n;
07     for (int i = 1; i <= n; i++)
08     {
09         if (i % 3 == 0 || i / 7 == 0)
10         {
11             cout << i;
12         }
13     }
14     return 0;
15 }
```

1.行号：　　　　　　　　改正：

2.行号：　　　　　　　　改正：

3.行号：　　　　　　　　改正：

（2）以下代码将 1~n 之间所有末位为 8 的数输出，输出的数字之间无分隔符。代码中一共有 2 处错误，请你找出并改正。

```cpp
01 #include <iostream>
02 using namespace std;
03 int main()
04 {
05     int n;
06     cin >> n;
07     for (int i = 1; i <= n; i++)
```

```
08      {
09          if (n % 8 == 0)
10          {
11              cout << n;
12          }
13      }
14   return 0;
15 }
```

1.行号: _____ 改正: _____

2.行号: _____ 改正: _____

（3）以下代码为输出公元 100 年到公元 2023 年之间的所有能被 4 整除但不能被 100 整除的年份，年与年之间用空格隔开。代码中一共有 5 处错误，请你找出并改正。

```
01 #include <iostream>
02 using namespace std;
03 int main()
04 {
05     for (int i = 100; i <= 2022; i++);
06     {
07         if (i % 4 = 0   i % 100 != 0 )
08         {
09             cout << i;
10         }
11     }
12   return 0;
13 }
```

1.行号: _____ 改正: _____

31

2.行号：　　　　　　　　　　改正：

3.行号：　　　　　　　　　　改正：

4.行号：　　　　　　　　　　改正：

5.行号：　　　　　　　　　　改正：

程序题

（1）输入一个正整数 n，输出 1~n 之间既是 3 的倍数又是末位为 3 的数，数与数之间用空格隔开。

输入：

40

输出：

3　33

（2）给定两个正整数 a、b（保证 a<=b），输出 a 到 b 之间所有的偶数，数与数之间用换行隔开。

输入：

```
6 23
```

输出：

```
6
8
10
12
14
16
18
20
22
```

Lesson 7

✏️ 选择题

（1）观察下列代码，科技兔一共可以向前走多少步？（ ）

```
01 for (int i = 1; i <= 3; i++)
02 {
03     for (int j = 1; j <= 2; j++)
04     {
05         forward(1);
06     }
07 }
```

  A．2   B．3   C．5   D．6

（2）在科技兔编程世界中，下列哪个语句可以推动箱子？（ ）

  A．push();   B．isbroken();

  C．build();   D．toggle();

（3）以下关于循环嵌套结构说法错误的是（ ）。

  A．内外层均为循环的嵌套结构被称为循环嵌套结构

  B．嵌套的外层被称为外层循环

  C．嵌套的内层被称为内层循环

  D．以上说法都不正确

（4）下列代码打印的是一个什么形状的图形？（ ）

```
01 for (int i = 1; i <= 4; i++)
02 {
03     for(int j = 1; j <= 5; j++)
04     {
05         cout << "@";
06     }
07     cout << endl;
08 }
```

  A．正方形   B．长方形   C．三角形   D．菱形

（5）在科技兔编程世界中，我们想要通过找循环来缩减代码，下列说法正确的是（   ）。（多选）

    A．可以直接在地图中找循环路径，根据找到的循环路径写代码

    B．可以将 forward(5) 改写成循环五次的 forward(1)

    C．可以先将通关的完整代码写出，再从代码中找重复部分

    D．利用循环一定可以缩减代码

✏️ 完善程序题

（1）以下代码为利用循环嵌套结构指示科技兔向前三步、左转，向前三步、左转，向前三步、左转、右转，再向前三步、左转，向前三步、左转，向前三步、左转、右转。

```
01 #include <iostream>
02 using namespace std;
03 int main()
04 {
05     for (int i = 1; i <= 2; i++)
06     {
07         _____
08         {
09             forward(3);
10             left();
11         }
12         right();
13     }
14     return 0;
15 }
```

（2）以下代码为利用 for 循环嵌套输出 100 个 "*"，"*" 之间用空格隔开。

```
01 #include <iostream>
02 using namespace std;
03 int main()
```

```
04 {
05     for (int i = 1; i <= 20; i++)
06     {
07         _____
08         {
09             cout << "*" << " ";
10         }
11     }
12     return 0;
13 }
```

✐ 程序改错题

（1）以下代码为输出一个由 5 行 5 列的"#"组成的正方形。代码中一共有 3 处错误，请你找出并改正。

```
01 #include <iostream>
02 using namespace std;
03 int main()
04 {
05     for (int i = 1; i <= 5; i++)
06     {
07         for (int j = 1;i <= 5; j++)
08         {
09             cout << #;
10         }
11         cout << end;
12     }
13     return 0;
14 }
```

1.行号：   改正：

2.行号：   改正：

3.行号：   **改正：**

（2）以下代码为输出一个由 3 行 5 列的"*"组成的长方形。代码中一共有 5 处错误，请你找出并改正。

```
01 #include <iostream>
02 using namespace std;
03 int main()
04 {
05     for (int i = 1; i <= 5; i++)
06     {
07         for (int j = 1; j <= 3; i++)
08         {
09             cout << "*"
10         }
11     }
12     return 0;
13 }
```

    1.行号：   **改正：**

    2.行号：   **改正：**

    3.行号：   **改正：**

    4.行号：   **改正：**

    5.行号：   **改正：**

（3）以下代码为先输出一个由 n 行 m 列的"#"组成的矩形（"#"与"#"之间用空格隔开），换一行后再输出一个由 m 行 n 列的"*"组成的矩形（"*"与"*"之间用空格隔开）。代码中一共有 7 处错误，请你找出并改正。

```cpp
01 #include <iostream>
02 using namespace std;
03 int main()
04 {
05     int n,m;
06     cin >> n;
07     for (int i = 1; i <= n; i++)
08     {
09         for (int j = 1; j <= n; j++)
10         {
11             cout << "#";
12         }
13         cout << endl;
14     }
15     for (int i = 1; i <= m; i++)
16     {
17         for (int i = 1; j <= m; j++)
18         {
19             cout << "*" << " ";
20         }
21     }
22     return 0;
23 }
```

1.行号：　　　　　　　　　改正：

2.行号：　　　　　　　　　改正：

3.行号：　　　　　　　　　改正：

4.行号： 　　　　　　　改正：

5.行号： 　　　　　　　改正：

6.行号： 　　　　　　　改正：

7.行号： 　　　　　　　改正：

程序题

（1）输入两个正整数 m、n，使用 for 循环嵌套输出 m 行 n 列的大写字母"M"。

输入：

　3 5

输出：

　MMMMM
　MMMMM
　MMMMM

（2）利用 for 循环嵌套打印出如下图案。

*	*	*	*	X
*	*	*	*	X
*	*	*	*	X

输出：
```
****X
****X
****X
```

复习小结 2

✎ 程序题

（1）有句俗话叫"三天打鱼，两天晒网"。如果科技兔前三天打鱼，后两天晒网，一直重复这个过程，那么在第 n 天（1<=n<=10000），他是在打鱼还是晒网呢？如果在打鱼，输出"Fishing"；如果在晒网，输出"Lying"。

输入：

    5

输出：

    Lying

（2）竞选班长的条件是：语文、数学、英语三门成绩中，至少两门成绩大于或等于 90 分，而且体育成绩不能低于 85 分。现在给定科技兔的语文成绩 a、数学成绩 b、英语成绩 c 及体育成绩 d(0<=a,b,c,d<=100)，请问他能否竞选班长？如果可以竞选班长，输出 Yes；否则，输出 No。

输入：

    86 90 93 84

输出：

No

（3）给定一个整数 n(2<=n<=50)，请打印出一个 2n-1 行的沙漏图形。

输入：

3

输出：

```
*****
 ***
  *
 ***
*****
```

Lesson 9

✎ 选择题

（1）观察下列代码：

```
01 for (int i = 1; i <= 3; i++)
02 {
03     for (int j = 1; j <= 15; j++)
04     {
05         cout << "hello";
06     }
07 }
```

内层循环中的输出一共会被执行多少次？（ ）

  A．3   B．15   C．18   D．45

（2）在以下这段代码中，输出语句一共会被执行多少次？（ ）

```
01 int sum = 0;
02 for (int i = 1; i <= 7; i++)
03 {
04     cout << "hello";
05     for (int j = 1; j <= 8; j++)
06     {
07         sum++;
08     }
09 }
```

  A．7   B．8   C．15   D．56

（3）下列哪个动作不能表示循环嵌套结构？（ ）

  A．爬楼梯，一共有 4 层楼，每层楼与每层楼之间有 30 级台阶

  B．写作业，一共有 6 门课的作业，每门课完成方式不同

  C．浇花，一共有 3 盆花，每盆花浇 10 下

  D．分糖果，一共有 4 个人，每个人分 15 颗糖

（4）以下哪个不是无限循环？（ ）

A．for(int i = 10; i >= 1; i++)

B．for(int i = 10; ;i--)

C．for(int i = 1; i <= 10; i--)

D．for(int i = 1; i <= 10; i++)

（5）下列描述正确的是（ ）。

A．外层循环重复10次，内层循环重复10次，内层循环总共执行10次

B．循环嵌套的外层能调用循环内层变量

C．循环嵌套的内层能调用循环外层变量

D．打印"*"三角形时，循环条件为j=i;

✏ 完善程序题

（1）以下代码为使用循环嵌套让科技兔前进一步，右转，前进两步，右转，前进三步，右转，前进四步，右转。

```
01 #include <iostream>
02 using namespace std;
03 int main()
04 {
05     for (int i = 1; i <= 4; i++)
06     {
07         _____
08         {
09             forward(1);
10         }
11         right();
12     }
13     return 0;
14 }
```

（2）以下代码为使用 for 循环嵌套输出 100 个 "*"，每 10 个 "*"输出一个空格。

```
01 #include <iostream>
```

```
02 using namespace std;
03 int main()
04 {
05          _____
06      {
07          for (int j = 1; j <= 10; j++)
08          {
09              cout << "*";
10          }
11          cout << " ";
12      }
13      return 0;
14 }
```

程序改错题

（1）以下代码为输出一个由 4 行"*"组成的三角形，第一行 1 个"*"，第二行 2 个"*"，第三行 3 个"*"，第四行 4 个"*"，如下图所示。代码中一共有 3 处错误，请你找出并改正。

```
*
*  *
*  *  *
*  *  *  *
```

```
01 #include <iostream>
02 using namespace std;
03 int main()
04 {
05      for (int i = 1; i = 4; i++)
06      {
07          for (int j = 1; j <= 4; j++)
08          {
09              cout << "*"
```

45

```
10          }
11          cout << endl;
12      }
13      return 0;
14 }
```

1.行号: 改正:

2.行号: 改正:

3.行号: 改正:

（2）以下代码为输入一个正整数 n，输出一个 n 行的数字三角形，第一行 1 个 1，第二行 2 个 2……第 n 行 n 个 n，数与数之间用空格隔开。代码中一共有 5 处错误，请你找出并改正。

```
1
2 2
3 3 3
........
n n n ...n
```

```
01 #include <iostream>
02 using namespace std;
03 int main()
04 {
05     cin >> n;
06     for (i = 1; i <= n; i++)
07     {
08         for (int j = 1; j <= n; i++)
09         {
10             cout << i;
11         }
```

```
12          cout << endl;
13      }
14      return 0;
15 }
```

1.行号：　　　　　　　　改正：

2.行号：　　　　　　　　改正：

3.行号：　　　　　　　　改正：

4.行号：　　　　　　　　改正：

5.行号：　　　　　　　　改正：

（3）以下代码为输入一个整数n，输出n行的乘法表。代码中一共有7处错误，请你找出并改正。

例如当 n=9 时，输出如下：

```
1*1=1
1*2=2 2*2=4
1*3=3 2*3=6 3*3=9
1*4=4 2*4=8 3*4=12 4*4=16
1*5=5 2*5=10 3*5=15 4*5=20 5*5=25
1*6=6 2*6=12 3*6=18 4*6=24 5*6=30 6*6=36
1*7=7 2*7=14 3*7=21 4*7=28 5*7=35 6*7=42 7*7=49
1*8=8 2*8=16 3*8=24 4*8=32 5*8=40 6*8=48 7*8=56 8*8=64
1*9=9 2*9=18 3*9=27 4*9=36 5*9=45 6*9=54 7*9=63 8*9=72 9*9=81
```

```
01 #include <iostream>
02 using namespace std;
03 int main()
04 {
```

```
05      int n;
06      cin << n;
07      for (int i = 1; i <= 9; i++)
08      {
09          for (j = 1; j <= 9; j++)
10          {
11              cout<<i<<"*"<<j<<"="<<i*j<<" ";
12          }
13          cout << endl;
14      }
15      return ;
16 }
```

1.行号：　　　　　　　改正：

2.行号：　　　　　　　改正：

3.行号：　　　　　　　改正：

4.行号：　　　　　　　改正：

5.行号：　　　　　　　改正：

6.行号：　　　　　　　改正：

7.行号：　　　　　　　改正：

（1）输入一个正整数 n，输出以下形式的数字三角形，数与数之间用一个空格隔开。

输入：

   5

输出：

```
1
2 3
4 5 6
7 8 9 10
11 12 13 14 15
```

（2）输入一个正整数 n，输出一个由 n 行"@"组成的三角形。

输入：

3

输出：

@

@ @

@ @ @

Lesson 10

✎ 选择题

（1）有两个整数 a=5，b=2，再申请一个整数变量 t，如何将 a 和 b 的值进行交换？（ ）

```
A.t = a;        B.t = b;        C.b = t;        D.a = t;
  a = b;          a = b;          a = b;          a = b;
  b = t;          b = t;          t = b;          b = t;
```

（2）想要判断 a 既大于 b 又大于 c，下列哪个代码是正确的？（ ）
```
A. if(a>b>c)
B. if(a>b && >c)
C. if(a>b && a>c)
D. if(a>b || a>c)
```

（3）想要判断 a 大于 b 或者 a 大于 c，下列哪个代码是正确的？（ ）
```
A. if(a>b>c)
B. if(a>b && >c)
C. if(a>b && a>c)
D. if(a>b || a>c)
```

（4）如果有 5 个各不相同的数，a、b、c、d、e，怎样判断 a 是这 5 个数中最大的那个数？（ ）（多选）
```
A. if(a>b && a>c && a>d && a>e)
B. if(a>=b && a>=c && a>=d && a>=e)
C. if(a>b || a>c || a>d || a>e)
D. if(a>=b || a>=c || a>=d || a>=e)
```

✎ 完善程序题

（1）以下代码为输入两个整数 a、b，交换 a 和 b 的值。

```
01 #include <iostream>
```

```
02  using namespace std;
03  int main()
04  {
05      int a, b, t;
06      cin >> a >> b;
07      _____
08      _____
09      _____
10      cout << a << " " << b;
11      return 0;
12  }
```

（2）输入 3 个各不相同的正整数 a、b、c，输出其中最大的数。

```
01  #include <iostream>
02  using namespace std;
03  int main()
04  {
05      int a,b,c;
06      cin >> a >> b >> c;
07      _____
08      {
09          cout << a;
10      }
11      _____
12      {
13          cout << b;
14      }
15      if (c>=a && c>=b)
16      {
17          cout << c;
18      }
19      return 0;
20  }
```

（1）此段 C++代码为输入 3 个正整数 a、b、c，输出 3 个数中最小的那个数。代码中一共有 3 处错误，请你找出并改正。

```cpp
01 #include <iostream>
02 using namespace std;
03 int mian()
04 {
05     int a,b,c;
06     cin >> a >> b >> c;
07     if (a <=b || a <= c)
08     {
09         cout << a;
10     }
11     if (b < a && b <= c)
12     {
13         cout << b;
14     }
15     if (c < a && c < b);
16     {
17         cout << c;
18     }
19     return 0;
20 }
```

1.行号：   改正：

2.行号：   改正：

3.行号：   改正：

（2）以下代码为读入 3 个正整数 a、b、c（a、b、c 均不小于 0），通过定义 maxn 的方式求出 3 个数中最大的数，最后输出这个最大数。代码中一共有 5 处错误，请你找出并改正。

```
01 #include <iostream>
02 using namespace std;
03 int main()
04 {
05      int a,b,c,maxn;
06      cin >> a >> b >> c;
07      if (maxn < a)
08      {
09          maxn = a;
10      }
11      if (maxn > b)
12      {
13          b = maxn;
14      }
15      if (maxn > c)
16      {
17          maxn = c;
18      }
19      cout << a;
20      return 0;
21 }
```

1.行号：　　　　　　　　改正：

2.行号：　　　　　　　　改正：

3.行号：　　　　　　　　改正：

4.行号：　　　　　　　　改正：

5.行号：　　　　　　　　　　改正：

✎ 程序题

（1）输入 5 个 int 范围内的正整数，输出其中最大的那个数。

输入：

　　5 6 9 5 3

输出：

　　9

（2）输入 5 个 int 范围内正整数，输出其中最小的那个数。

输入：

    5 6 9 5 3

输出：

    3

Lesson 11

✎ 选择题

（1）打印行数为 4 的"*"三角形，外层循环变量书写正确的是（　　）。

    A．for(int i=0; i<=5; i++)

    B．for(int i=0; i<=4; i++)

    C．for(int i=1; i<=4; i++)

    D．for(int i=1; i<4; i++)

（2）打印倒立直角"*"三角形时，外层循环次数为 7 次，第一行将打印几个"*"？（　　）

    A．6　　　　　B．7　　　　　C．i　　　　　D．1

（3）运行下列代码将会得到什么结果？（　　）

```
01 for (int i = 1; i <= 4; i++)
02 {
03     for (int j = 4; j >= i; j--)
04     {
05         cout << "*";
06     }
07     cout << endl;
08 }
```

    A．行数为 4 的正立"*"三角形

    B．连续打印 10 个"*"

    C．行数为 4 的倒立"*"三角形

    D．4 行 4 列的正方形

（4）输出每行数字与行号相同的数字三角形，下列说法正确的是（　　）。

    A．外层循环一定是递减的

    B．内层循环体输出内层循环变量

    C．内层循环体输出外层循环变量

    D．外层循环体输出外层循环变量

（5）打印由连续数字组成的三角形时，变量 num 该在哪里定义呢？（　　）

A．外层循环的循环体中定义

B．内层循环的循环体中定义

C．循环外定义

D．以上都不对

✏ 完善程序题

（1）下列代码将输出行数为 4，由连续数字组成的三角形（从数字 1 开始）。

```cpp
01 #include <iostream>
02 using namespace std;
03 int main()
04 {
05     _____
06     for (int i = 1; i <= 4; i++)
07     {
08         for (int j = 1; j <= i; j++)
09         {
10             cout << num;
11             num++;
12         }
13         cout << endl;
14     }
15     return 0;
16 }
```

（2）下列代码将输出行数为 7，每行数字与行号相同的数字三角形。

```cpp
01 #include <iostream>
02 using namespace std;
03 int main()
04 {
05     for (int i = 1; i <= 7; i++)
06     {
07         for (int j = 1; j <= i; j++)
08         {
```

```
09                  _____
10          }
11        cout << endl;
12      }
13      return 0;
14  }
```

程序改错题

（1）以下代码为输出一个行数为 5 的数字三角形，三角形中数字与所在列号相同。代码中一共有 3 处错误，请你找出并改正。

```
1
12
123
1234
12345
```

```
01 #include <iostream>
02 using namespace std;
03 int main()
04 {
05      for (int i = 0; i <= 5; i++)
06      {
07          for (int j = 1; j < i; j++)
08          {
09              cout << i;
10          }
11          cout << endl;
12      }
13      return 0;
14  }
```

1.行号：   改正：

2.行号：   改正：

3.行号：   改正：

（2）下列代码将输出行数为 3，由连续数字组成的三角形，数字中间用空格隔开。代码中一共有 5 处错误，请你找出并改正。

```
1
2 3
4 5 6
```

```
01 #include <iostream>
02 using namespace std;
03 int main()
04 {
05     int num = 0;
06     for (int i = 1; i < 3; i++)
07     {
08         for (int j = 1; j <= i; j--)
09         {
10             cout << num;
11         }
12         cout << endl;
13     }
14     return 0;
15 }
```

1.行号：   改正：

2.行号：   改正：

3.行号：   改正：

4.行号：　　　　　　　　　　改正：

5.行号：　　　　　　　　　　改正：

✏ 程序题

（1）倒序输出九九乘法表，从 1*9=9 开始一直到 1*1=1。每个公式之间用空格隔开。

输出：

```
1*9=9 2*9=18 3*9=27 4*9=36 5*9=45 6*9=54 7*9=63 8*9=72 9*9=81
1*8=8 2*8=16 3*8=24 4*8=32 5*8=40 6*8=48 7*8=56 8*8=64
1*7=7 2*7=14 3*7=21 4*7=28 5*7=35 6*7=42 7*7=49
1*6=6 2*6=12 3*6=18 4*6=24 5*6=30 6*6=36
1*5=5 2*5=10 3*5=15 4*5=20 5*5=25
1*4=4 2*4=8 3*4=12 4*4=16
1*3=3 2*3=6 3*3=9
1*2=2 2*2=4
1*1=1
```

（2）输入一个整数 n，打印行数为 n，由连续数字组成的三角形，要求从数字 0 开始打印，每个数字之间用空格隔开。

输入：

```
5
```

输出：

```
0
1 2
3 4 5
6 7 8 9
10 11 12 13 14
```

复习小结 3

✏ 程序题

（1）求 1~n（int 范围之内）之间所有偶数的和。（2101）

输入：

　　100

输出：

　　2550

（2）给定 int 范围的 n 和 k，将从 1 到 n 之间的所有正整数分为两类：A 类数可以被 k 整除（即是 k 的倍数），而 B 类数不能被 k 整除。请分别输出这两类数的和。（1149）

　　输入：

　　　　10 5

　　输出：

　　　　15 40

（3）输入一个二进制数，输出其对应的十进制数（int 范围之内）。

提示：二进制转十进制采用幂乘法，即

$$1011=1*2^3+0*2^2+1*2^1+1*2^0=11$$

输入：

1011

输出：

11

Lesson 13

✎ 选择题

（1）斐波拉契数列又叫（　　）。

　　A．兔子数列　　　　　　　　　B．袋鼠数列

　　C．羊群数列　　　　　　　　　D．狼群数列

（2）下列关于斐波拉契数列说法错误的是（　　）。

　　A．斐波拉契数列前两项都是 1

　　B．斐波拉契数列从第三项开始，每一项都是前两项之和

　　C．斐波拉契数列第三项为 3

　　D．斐波拉契数列第五项为 5

（3）在猜数游戏中，这个数的范围在 1~100，最少需要几次一定可以猜中这个数？（　　）

　　A．5 次　　　　　　　　　　　B．6 次

　　C．7 次　　　　　　　　　　　D．8 次

（4）在 C++中，break 的意思是（　　）。

　　A．跳出当前循环，进入下一次循环

　　B．结束当前循环并不再进入循环

　　C．跳出当前循环，再最后执行一次循环

　　D．整个 C++程序全部结束

（5）在 C++中，continue 的意思是（　　）。

　　A．跳出当前循环，进入下一次循环

　　B．结束当前循环并不再进入循环

　　C．跳出当前循环，再最后执行一次循环

　　D．整个 C++程序全部结束

✎ 完善程序题

（1）使用 for 循环输出一个如下的矩阵。

```
11 12 13 14
21 22 23 24
31 32 33 34
```

```
01 #include <iostream>
02 using namespace std;
03 int main()
04 {
05     for (int i = 1; i <= 3; i++)
06     {
07         for (int j = 1; j <= 4; j++)
08         {
09             _____
10         }
11         cout << endl;
12     }
13     return 0;
14 }
```

（2）利用 for 循环输出斐波拉契数列的第 n 项。

```
01 #include <iostream>
02 using namespace std;
03 int main()
04 {
05     int n;
06     cin >> n;
07     int a = 1, b = 1, c;
08     for (int i = 3; i <= n; i++)
09     {
10         c = a + b;
11         a = b;
12         _____
13     }
14     cout << c;
```

```
15        return 0;
16 }
```

✎ 程序改错题

（1）已知一个数列 1，3，4，7，11，18，…，编写代码求出这个数列
的第 n 项。以下代码中一共有 3 处错误，请你找出并改正。

```
01 #include <iostream>
02 using namespace std;
03 int main()
04 {
05     int a = 1, b = 1, c, n;
06     for (int i = 2; i <= n; i++)
07     {
08         int c = a + b;
09         a = b;
10         b = c;
11     }
12     cout << b;
13     return 0;
14 }
```

1.行号：　　　　　　　　改正：

2.行号：　　　　　　　　改正：

3.行号：　　　　　　　　改正：

（2）输入两个正整数 m、n，输出由 m 行 n 列的"＊"组成的矩阵，并在每一行
"＊"的两端分别放置一个"＃"。代码中一共有 5 处错误，请你找出并改正。

例如，当 m=3，n=4 时，输出的矩阵为：

```
#****#
#****#
#****#
```

```
01 #include <iostream>
02 using namespace std;
03 int main()
04 {
05     int m, n
06     cin >> m >> n;
07     for (int i = 1; i <= n; i++)
08     {
09         for (int j = 1; j <= m; j++)
10         {
11             cout << "*";
12         }
13         cout << "#";
14     }
15     return 0;
16 }
```

1.行号：　　　　　　　改正：

2.行号：　　　　　　　改正：

3.行号：　　　　　　　改正：

4.行号：　　　　　　　改正：

5.行号：　　　　　　　改正：

（1）"计算机概论"这门课期中考试刚刚结束，科技兔想知道考试的 n 个学生中最高的分数。

输入有两行，第一行为整数 n（1<=n<100），表示参加这次考试的人数，第二行是这 n 个学生的成绩，相邻两个数之间用空格隔开，所有成绩均为 0 到 100 之间的整数。

输出一个整数，即 n 个学生中最高的分数。

输入：

    5

    85 78 90 99 60

输出：

    99

（2）输入一个正整数 n(1<=n<=39)，求出斐波拉契数列第 n 项的值并进行输出。

输入：
    5
输出：
    5

Lesson 14

✏ 选择题

（1）在科技兔编程世界中，下列哪个代码可以填补破损的地块？（　　）

A. isbroken();　　　　　　　　B. toggle();

C. open();　　　　　　　　　　D. build();

（2）在 for 循环中，外层循环循环 4 次，内层循环循环 3 次，内层循环内的代码一共会循环多少次？（　　）

A. 3 次　　　　　　　　　　B. 4 次

C. 7 次　　　　　　　　　　D. 12 次

（3）获取一个三位数 x 的百位、十位和个位，分别存储在变量 a、b、c 中，以下正确的是（　　）。

A.
```
01 int x = 132, a, b, c;
02 a = x % 100;
03 b = x / 10 % 10;
04 c = x % 10;
```
B.
```
01 int x = 132, a, b, c;
02 a = x / 100;
03 b = x % 10 / 10;
04 c = x % 10;
```
C.
```
01 int x = 132, a, b, c;
02 a = x / 100;
03 b = x / 10 % 10;
04 c = x / 10;
```
D.
```
01 int x = 132, a, b, c;
02 a = x / 100;
03 b = x / 10 % 10;
04 c = x % 10;
```

✏ 完善程序题

（1）此段 C++ 代码为输出 10~10000 之间所有个位比十位大的数，数与数之间用空格隔开。

```
01 #include <iostream>
02 using namespace std;
03 int main()
```

```
04 {
05     for (int i = 10; i <= 10000; i++)
06     {
07          _____
08          {
09              cout << i << " ";
10          }
11     }
12     return 0;
13 }
```

（2）以下 C++代码为科技兔在编程世界中一边走一边判断脚下的地板是否破损。

```
01 #include <iostream>
02 using namespace std;
03 int main()
04 {
05     for (int i = 1; i <= 3; i++)
06     {
07         forward(1);
08         _____
09         {
10             build();
11         }
12         right();
13     }
14     return 0;
15 }
```

✏ 程序改错题

（1）输出所有"水仙花数"，以下代码共有 4 处错误，请你找出并改正。

```
01 #include <iostream>
02 using namespace std;
03 int main()
```

```
04 {
05     int a,b,c;
06     for (x = 100; x <= 999; i++)
07     {
08         a=x%100;
09         b=x/10%10;
10         c=x%10;
11         if (x=a*a*a+b*b*b+c*c*c)
12         {
13             cout << x << " ";
14         }
15     }
16     return 0;
17 }
```

1.行号:　　　　　　　改正:

2.行号:　　　　　　　改正:

3.行号:　　　　　　　改正:

4.行号:　　　　　　　改正:

（2）输入一个正整数n，例如当n=3时，打印一个如下图所示的菱形。下面的代码一共有7处错误，请你找出并改正。

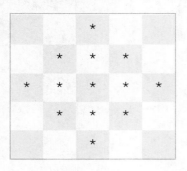

```
01 #include <iostream>
02 using namespace std;
03 int main
04 {
05     int n;
06     cin >> n;
07     for (int i = 1; i <= n; i++)
08     {
09         for (int j = i; j <= n; j++)
10         {
11             cout << " ";
12         }
13         for (int j = 1; j <= i*2; j++)
14         {
15             cout << "*";
16         }
17     }
18     for (int i = 1; i <= n; i++)
19     {
20         for (int j = 1; j <= i; j++)
21         {
22             cout << " ";
23         }
24         for (int j = 1;j <= 2*n-(2*i+1); j++)
25         {
26             cout << "*";
```

```
27          }
28      cout << endl
29      }
30  return;
31 }
```

1.行号：　　　　　　　　改正：

2.行号：　　　　　　　　改正：

3.行号：　　　　　　　　改正：

4.行号：　　　　　　　　改正：

5.行号：　　　　　　　　改正：

6.行号：　　　　　　　　改正：

7.行号：　　　　　　　　改正：

✏ 程序题

（1）请使用 for 循环打印以下图形：

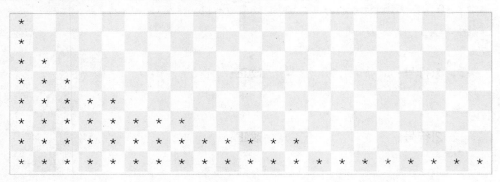

```
*
*
* *
* * *
* * * * *
* * * * * * *
* * * * * * * * *
* * * * * * * * * * *
```

输出：

```
*
*
* *
* * *
* * * * *
* * * * * * *
* * * * * * * * * *
* * * * * * * * * * * * * *
```

（2）请使用 for 循环输出所有的"水仙花数"，以空格隔开。

"水仙花数"具有以下性质：是一个三位数，且每个数位上的数字的 3 次方之和等于它本身。例如：$153=1^3+5^3+3^3$。

Lesson 15

✏ 选择题

（1）下列哪个数是质数？（　）

    A. 13　　　　　　　　　　　　B. 27

    C. 33　　　　　　　　　　　　D. 46

（2）下列说法错误的是（　）。

    A. 质数的因数一定只有 1 和它本身

    B. 214 不是一个质数

    C. 345 是一个质数

    D. 如果一个数有多于 2 个因数，那么它一定不是质数

（3）在 C++中，下列哪个函数是计算平方根的？（　）

    A. math()　　　　　　　　　　B. sqrt()

    C. abs()　　　　　　　　　　　D. pow()

（4）289 的平方根是多少？（　）

    A. 14　　　　　　　　　　　　B. 15

    C. 16　　　　　　　　　　　　D. 17

（5）在 C++中，想要用到求平方根函数，需要加入哪个头文件？（　）

    A. #include <cstring>　　　　B. #include <cstdio>

    C. #include <cmath>　　　　　D. #include <csqrt>

✏ 完善程序题

（1）下列代码为输入一个正整数 n，输出 n 的平方根。

```
01 #include <iostream>
02 _____
03 using namespace std;
04 int main()
05 {
06     int n;
```

```
07      cin >> n;
08      _____
09      cout << a;
10      return 0;
11 }
```

（2）以下代码为输入一个正整数 a(1<=a<=10000)，输出这个正整数有多少个因数。

```
01 #include <iostream>
02 using namespace std;
03 int main()
04 {
05      int a,sum=0;
06      cin >> a;
07      for (int i = 1; i <= a; i++)
08      {
09          _____
10          {
11              sum++;
12          }
13      }
14      cout << sum;
15      return 0;
16 }
```

✎ 程序改错题

（1）此段 C++ 代码为输入一个正整数 n(n<=10000)，判断 n 是否为质数：如果 n 是质数，则输出 Yes；否则，输出 No。代码中一共有 3 处错误，请你找出并改正。

```
01 #include <iostream>
02 using namespace std;
03 int main()
04 {
05      int n,flag = 0;
```

```
06      cin >> n;
07      for (int i = 2; i <= sqrt(n); i++)
08      {
09          if (n % i == 0)
10          {
11              flag = 1;
12              continue;
13          }
14      }
15      if(flag == 0)
16      {
17          cout << "No";
18      }
19      else
20      {
21          cout << "Yes";
22      }
23      return 0;
24 }
```

1.行号:　　　　　　　　改正:

2.行号:　　　　　　　　改正:

3.行号:　　　　　　　　改正:

（2）以下代码为输入一个正整数 n，求 1~n 之间哪个数的因数最多，若有多个因数个数相同的数，输出较小的那个数。代码中一共有 5 处错误，请你找出并改正。

```
01 #include <iostream>
02 using namespace std;
03 int main( )
```

```
04 {
05      int n,maxn=0,x;
06      cin >> n;
07      for (int i = 1; i <= n; i++)
08      {
09          int sum;
10          for (int j = 1; j <= n; j++)
11          {
12              if (i % j == 0)
13              {
14                  sum++;
15              }
16          }
17          if (sum >= maxn)
18          {
19              x = j;
20              maxn = sum;
21          }
22      }
23      cout << x
24      return 0;
25 }
```

1.行号:　　　　　　　　改正:

2.行号:　　　　　　　　改正:

3.行号:　　　　　　　　改正:

4.行号:　　　　　　　　改正:

5.行号:　　　　　　　　改正:

（3）以下代码为给定一个正整数 n(n<=10001)，求出第 n 个质数并输出。下面的代码一共有 7 处错误，请你找出并改正。

```
01  #include <iostream>
02  using namespace std;
03  int main()
04  {
05      int n,cnt=0;
06      cin >> n;
07      for (int i = 2; i++)
08      {
09          int flag = 0;
10          for (int j = 2; j <= sqrt(j); j++)
11          {
12              if (i % j == 0)
13              {
14                  flag = 0;
15                  break;
16              }
17          }
18          if (flag == 1)
19          {
20              cnt ++
21          }
22          if (cnt == i)
23          {
24              cout << i;
25          }
26      }
27      return 0;
28  }
```

1.行号：   改正：

82

2.行号：　　　　　　　　　　改正：

3.行号：　　　　　　　　　　改正：

4.行号：　　　　　　　　　　改正：

5.行号：　　　　　　　　　　改正：

6.行号：　　　　　　　　　　改正：

7.行号：　　　　　　　　　　改正：

✎ 程序题

（1）请编写一段代码，要求输入一个正整数，判断这个数是不是质数。如果是质数，输出"yes"；否则，输出"no"。

输入：

2

输出：

yes

（2）输入一个正偶数 n(2<n<10000)，输出 n 可以拆分为两个质数之和的所有组合。

注意：重复的组合方式，如 3+7 和 7+3 只算一种。

输入：

    10

输出：

    3+7

    5+5

复习小结 4

✎ 程序题

（1）输入一个正整数 num（1<num<100000），倒序输出 1~num 之间所有质数（每个质数占一行）。（4228）

输入：

    10

输出：

    7
    5
    3
    2

（2）输入一个正整数 n（1<=n<=10000），求斐波拉契数列第 n 项是多少？（4228）

输入：

3

输出：

2